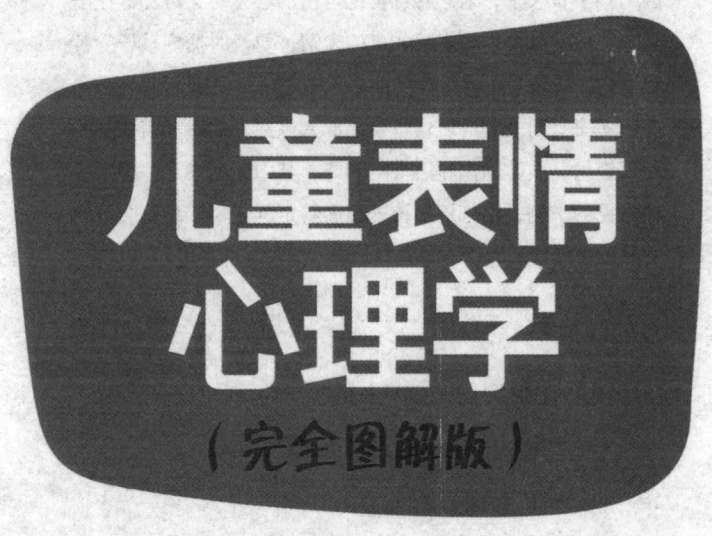

儿童表情心理学
（完全图解版）

蔡万刚 ◎ 编著

中国纺织出版社有限公司

内 容 提 要

父母要想了解孩子，只靠着询问孩子是远远不够的，因为孩子长大了，未必愿意再把自己的心思对父母和盘托出了。因此父母要用心观察儿童的表情，要及时捕捉孩子的各种变化，从而才能洞察孩子的内心，把控孩子的心理。

本书针对儿童的表情进行了深入阐述，内容涵盖孩子的面部表情、肢体动作和语言声调等。其中还列举了一些生活中常见的事例，也分析了孩子很多特定的表情，相信会帮助父母通过表情了解孩子的内心，走入孩子的心理世界。

图书在版编目（CIP）数据

儿童表情心理学：完全图解版 / 蔡万刚编著. --北京：中国纺织出版社有限公司，2021.4
ISBN 978-7-5180-7826-4

Ⅰ.①儿… Ⅱ.①蔡… Ⅲ.①表情—儿童心理学—通俗读物 Ⅳ.①B844.1-49

中国版本图书馆CIP数据核字（2020）第166633号

责任编辑：张 宏　　责任校对：高 涵　　责任印制：储志伟

中国纺织出版社有限公司出版发行
地址：北京市朝阳区百子湾东里A407号楼　邮政编码：100124
销售电话：010—67004422　传真：010—87155801
http://www.c-textilep.com
中国纺织出版社天猫旗舰店
官方微博http://weibo.com/2119887771
三河市延风印装有限公司印刷　各地新华书店经销
2021年4月第1版第1次印刷
开本：880×1230　1/32　印张：6
字数：108千字　定价：39.80元

凡购本书，如有缺页、倒页、脱页，由本社图书营销中心调换

前 言

常言道,六月的天,孩子的脸,说变就变,这句话告诉我们,孩子的面部表情变化是非常丰富,也是非常迅速的,常常让人有应接不暇之感。也有人说,每个孩子都是戏精,可能上一刻还笑得阳光灿烂,下一刻就哭得大雨滂沱了。这是由孩子的身心发展特点决定的。孩子的情绪原本就非常复杂,也很容易产生变化,父母作为孩子的保护神,要想把孩子捧在手心里呵护,要想给予孩子最好的引导和帮助,就应该了解孩子的表情,知道孩子在各种表情之后隐藏的心理特点。

从新生命呱呱坠地的那一刻开始,我们的每一根神经都变得更加敏感,为孩子的喜怒哀乐所牵动着。孩子在漫长的成长过程中会经历不同的成长阶段,孩子成长的每一天都积聚着父母的汗水,也凝聚着父母无悔付出的爱。当看着孩子从襁褓中渐渐长大,能够独立行走,也从那个只会哭泣的小孩子变成了一个有各种丰富表情包的小人精,父母该有多么欣慰呀!但是与此同时,父母也会感到非常迷惘,因为他们发现孩子的心思变得越来越难猜了,和小时候孩子总是主动向父母倾诉相比,渐渐长大的孩子有了自己的小心思，也不愿意把自己的一切心思都告诉父母。在这种情况下，父母如何才能够解答关于孩子喜怒哀乐的测试题，让孩子更快乐地成长呢？

即使是几个月的小婴儿，也会有非常丰富的表情，例如他们有的时候会撇嘴，有的时候会满脸涨得通红，有时候会皱着眉头，有的时候会目光炯炯有神，有的时候又会蔫头耷脑。只是小小的婴儿就有这么多表情，可以想象，当孩子健康长大，他们的表情会更加丰富，他们的心思会更加细腻且复杂。

随着不断成长，孩子不但表情越来越丰富，也会出现一些行为上的改变。例如原本乖巧可爱的孩子，在跟其他小朋友一起玩儿的时候，为了争抢一个玩具而大打出手；原本情绪愉悦的孩子，不知道为何最近却变成了多愁善感的林黛玉，总是哭哭啼啼的；不知道为什么孩子小小年纪就学会了撒谎，常常会对父母说一些瞎话；不知道为什么孩子总是动来动去，就像患上了儿童多动症一样……

孩子的表情所涵盖的范围是非常广的，不仅包括孩子的面部表情，也包括孩子的肢体动作和语言声调，所以父母在了解孩子表情的时候，要把知识面放得更加宽广，从而了解更多关于孩子表情的知识，让自己心中的疑惑都能够迎刃而解，也如愿以偿地找到合适的方式与孩子相处。

前言

不管孩子是否愿意向父母说出他们的心事,他们都必然会透露自己的真实心意。父母只要多多观察,捕捉孩子敏感细微的表情,就能够看到孩子表情的变化,就能够读懂孩子内心的语言,那么父母就可以成为孩子的知心人,陪伴孩子快乐成长!

编著者

2020年10月

目 录

第一章 六月的天孩子的脸，每个孩子都是"小戏精" / 001

及时捕捉孩子的"小心情" / 003

婴儿的面部表情不可忽视 / 009

不要强行禁止孩子哭泣 / 016

读懂婴儿不同的哭声 / 020

对孩子的精彩表演不动声色 / 026

第二章 积极表情解读：好父母造就孩子的正能量 / 031

内心愉悦，表情和善 / 033

父母好心态，孩子好心情 / 038

让孩子充满自信 / 042

不要总是给孩子贴上负面标签 / 047

南风效应：用爱包裹孩子 / 051

第三章 消极表情解读：宝宝心里苦，你可知道吗 / 057

孩子为什么爱哭 / 059

孩子为什么愤怒 / 061

孩子为什么恐惧 / 066

孩子为什么害羞 / 069

教会孩子排解负面情绪 / 074

第四章　要想洞察孩子内心，关注孩子坐卧立行 / 079

行走敏感期，爱踩不平路 / 081

用挺直的身体表示反抗 / 085

用跺脚表示强烈不满 / 090

坐不住的孩子都是多动症吗 / 094

第五章　不可忽视的肢体动作，表露孩子的真心 / 101

孩子厌食，是因为叛逆 / 103

孩子为何乱丢东西 / 108

孩子特别依赖：缺乏安全感 / 111

孩子走来走去 / 116

孩子喜欢抢夺玩具 / 120

孩子总是与人冲突 / 124

第六章 是谁出卖了孩子的"谎言":不可不知的说谎表情 / 131

看人识面,谎言不攻自破 / 133

父母言行一致,孩子诚实守信 / 137

面对谎言,是否要揭穿呢 / 141

帮助孩子克服说谎 / 146

如何看待孩子的说谎 / 150

第七章 孩子之意不在酒,在乎言语也 / 155

说狠话,诅咒敏感期到来 / 157

孩子为何喜欢顶嘴 / 162

孩子为何喜欢插话 / 167

孩子喜欢告状 / 172

孩子不愿分享 / 176

参考文献 / 181

第一章

六月的天孩子的脸，每个孩子都是"小戏精"

和成人相比，孩子的语言表达能力相对比较弱，他们还不能够随心所欲地运用语言来表达自己的所思所想，表达自己的情绪和感受。在这样的情况下，作为父母要更多地观察孩子的表情，这是因为孩子的表情就是他们内心真实的反应，也代表了他们此时此刻真实的情感状态。父母要通过孩子的表情了解孩子真实的心思，读懂孩子传递的心绪，从而才能在孩子有需要的时候给予孩子及时的回应，也给孩子最好的帮助。

第一章 六月的天孩子的脸,每个孩子都是"小戏精"

及时捕捉孩子的"小心情"

人类有各种各样的感情,例如喜怒哀乐、担心、害怕、恐惧、厌恶、嫉妒等。这些情绪,既会影响成人的生活,也会影响孩子的表现。很多成人误以为孩子并没有太多的复杂情绪,而实际上,孩子对于这些情绪的体验并不比成人少,只是有的时候成人忽略了孩子的小心情,所以才会认为孩子的生活中只有快乐,而没有忧愁。

父母要及时地捕捉孩子的小心情,体察孩子的情绪,这样才能关注孩子,也才能帮助孩子。通常情况下,孩子最喜欢快乐玩耍,他们对于快乐是来者不拒的,但是对于其他的消极负面情绪,例如恐惧、担心、害怕、愤怒等,孩子往往不知道应该如何应对。实际上,父母要成为孩子情绪的领导者,就应该要多关注孩子的负面情绪,尤其是要在孩子的负面情绪中捕捉蛛丝马迹,了解孩子的所思所想。

下午放学回到家里,妈妈发现佳佳有一点点不开心。看到佳佳的表情,妈妈很担心,但是她没有当即问佳佳,而是想给佳佳一个缓冲的时间。妈妈继续留在厨房里做饭，等到吃晚饭的时候，看到佳佳吃饭的心情已经比之前好了很多，妈妈这才试探着问佳佳："佳佳，今天在学校里有什么不开心的事情吗？我看你回来的时候表情非常凝重。"看到妈妈关切的眼神，佳佳对妈妈说："今天，我和好朋友吵架了，我很生气。"

妈妈知道佳佳的好朋友是豆豆，纳闷地问："你和豆豆吵架了？"佳佳点点头，妈妈说："豆豆这个孩子脾气挺好的呀，你们到底是为什么吵架呢？"听了佳佳的讲述，妈妈才知道原委。原来，考试的时候，佳佳有一道题目不会做，想问豆豆，豆豆却死活也不愿意告诉佳佳。佳佳一直小声地喊豆豆，又用脚踢豆豆的板凳，但是豆豆却假装不知道。后来，豆豆索性提前交了试卷。看到豆豆这么不仗义，佳佳感到很郁闷。听了佳佳的描述，妈妈语重心长地对佳佳说："佳佳，考试成绩虽然很重要，但是考试的目的却是更重要的。考试不仅仅是为了取得好成绩，也是要检测你们前一个阶段学习的成果如何，如果采取弄虚作假的方式取得了好成绩，而实际上对于有些知识的掌握却并不好，那么就会自己欺骗自己，导致在下次考试中还会再犯同样的错误。所以，妈妈认为豆豆不愿意配合你作弊，反而是为你好，这样你至少知道自己哪些地方掌握得不

第一章 六月的天孩子的脸，每个孩子都是"小戏精"

好，就能够及时地查漏补缺。你觉得呢？"在妈妈一番耐心的开导之下，佳佳恍然大悟地点点头，说："原来，豆豆才是我的真朋友呀！如果他告诉我答案，反而是害了我。"妈妈由衷地说："是啊，你应该庆幸自己有豆豆这样的好朋友，他一定会给你真正的帮助。"

第二天放学回到家里，佳佳兴高采烈，才刚刚进门，还没有来得及换鞋呢，佳佳就冲着妈妈喊道："妈妈，豆豆今天主动给我讲了考试中的那道难题，比老师讲得还细致呢！你说得很对，豆豆才是我真正的朋友。我想，以后不管在哪里碰到这道题目，我都能做得很正确。"

在这个事例中，妈妈及时捕捉到孩子的小心情，知道孩子在学校里发生了不愉快的事情，在了解事情的原委之后，也能够及时地给予孩子思想上的开导，从而让孩子意识到真正的朋友应该是什么样子的。这对于帮助孩子疏导负面情绪，培养正确认知是非常重要的，也是非常有益于孩子成长的。

通常情况下，孩子之所以会出现情绪上的波动，表情变得微妙，就是因为他们遇到了以下这些事情。首先，孩子有可能遇到突发事件。孩子处理突发事件的能力相对比较差，这是因为他们缺乏人生的经验，各方面的能力也没有得到完全发展。

005

尤其是在学校和生活中，孩子与老师、同学之间还会发生一些不愉快的矛盾或者冲突。此外，孩子也有可能身体突然感到不适。这些原因都会使孩子出现情绪上的波动，表情也会变得不同寻常。

其次，很多孩子长期得不到父母的关爱，心情也会变得很糟糕。尤其是在农村，很多父母外出打工，把孩子交给年迈的爷爷奶奶负责照顾。这些孩子小时候也许有吃有喝，并不觉得父母不在身边有什么不好，但是随着孩子渐渐长大，他们越来越懂事，看到身边其他孩子都能得到父母的陪伴和照顾，他们就会感到非常失落。

除了不能得到父母的陪伴之外，孩子还有可能因为其他原因而感到失落，例如家庭中又有了新成员，会使大孩子感觉自己不被重视。那么，当家里有第二个孩子出生的时候，爸爸妈妈一定要重视大孩，给予大孩更多的关爱和陪伴。这样才能避免孩子出现情绪波动。

再次，孩子也会承受巨大的压力。听到这个说法，很多父母都会感到惊讶：孩子每天不愁吃不愁喝，无须为生活奔波劳累，只需要好好学习就行，为何会承受巨大的压力呢？不得不说，父母对于孩子生存的现状并不了解。孩子现在并不过得那么轻松，尤其是父母望子成龙，望女成凤，总是希

第一章 六月的天孩子的脸，每个孩子都是"小戏精"

望孩子一夜之间就能成人成才，还会花费重金给孩子报名参加各种各样的课外补习班。这使得孩子根本没有时间玩耍，更没有时间做自己喜欢的事情。在这样的情况下，父母的爱变成了孩子的压力，渐渐地，孩子总是不能够实现父母的期望，他们就会自我怀疑自我否定，导致自己变得非常忧郁和悲观。

明智的父母知道，孩子的成长比学习成绩更重要，他们会以长远的目光看待孩子的成长，也会致力于激发孩子的学习兴趣，激励孩子坚持努力学习。有些父母还会陪孩子一起玩耍和游戏，更是能够在亲子互动的过程中加深亲子感情，缓解孩子的巨大压力，这对孩子成长是非常有好处的。

最后，父母要为孩子营造良好的家庭气氛，让孩子有很好的成长氛围。父母是孩子最值得依赖和信任的人，家庭是孩子生存的主要环境，那么对于孩子而言，如果家庭气氛不好，或者父母的情绪变化很大，他们就会受到影响，导致情绪波动。

有人说，父母是孩子的第一任老师，也是孩子成长的陪伴者，也有人说孩子是父母的镜子，那么当孩子的情绪出现问题，表情变得沉重压抑时，父母先不要急于质问孩子到底发生了什么事情，而是应该首先反思自己是否给孩子做出了好榜样，是否给孩子营造了良好的家庭氛围，让孩子心情愉悦。只

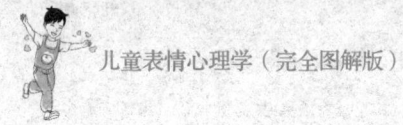

有在得到肯定的回答之后,父母才能够给予孩子更积极的情绪影响。

　　时代的快速发展,使离婚率越来越高。很多父母因为一言不合,或者是性格差异,或者是其他原因而选择离异。在离异的家庭中,受到伤害最大的就是孩子。父母如果选择离异,一定要采取和平分手的方式,尽量不要给孩子带来太大的负面影响。如果选择继续在一起生活,那么就要调整好心态,更友好地与对方相处,避免因为闹矛盾而影响孩子的情绪。在一个动荡不安的家庭里,孩子一定会缺乏安全感,而且有些孩子性格内向,他们还会认为是因为自己表现得不够好,所以才导致父母之间纠纷不断,矛盾不断。

　　父母即使遇到问题,也不要当着孩子的面争吵,尤其是问题关系到孩子的教育时,更是应该在避开孩子的情况下达成一致,然后再与孩子进行沟通,这样才能够避免孩子因此而产生困惑,也才能避免孩子因此而否定自己。总而言之,只有乐观向上的父母才能养育出快乐活泼的孩子,父母要向孩子传递坚强快乐、积极向上的力量,父母要向孩子传递良好的情绪,让孩子在情绪方面具有张力,让整个家庭成为孩子成长的乐园。

第一章　六月的天孩子的脸，每个孩子都是"小戏精"

婴儿的面部表情不可忽视

众所周知，婴儿是不会说话的，他们根本不能用语言来表达自己的需求。但是偏偏婴儿的需求很多，他们一会儿拉屎撒尿了，一会儿觉得饿了，一会儿又想喝水了，一会儿不想躺在床上，而是想被爸爸妈妈抱起来了。面对这么多的需求，婴儿唯一的表达方式就是哭泣。遗憾的是，很多父母都听不懂孩子的哭声代表什么。实际上，当父母非常细心地观察婴儿，就会发现婴儿的面部表情是非常丰富的。也许在婴儿刚刚出生的时候，父母还不了解婴儿。但是随着耐心细致地照顾婴儿，父母对婴儿的了解会越来越深入，也就能够渐渐地解读婴儿的面部表情，从而了解婴儿不同的需求。

大多数新手父母在照顾孩子的时候都会感到非常忐忑。在这个世界上，很多工作都有岗前培训，但是唯有当父母是从来没有岗前培训的，所以父母在忐忑之中还会怀有一丝丝担忧，生怕自己不能够把孩子照顾得非常周到，也生怕孩子因为父母照顾不周而感到身体不适，或者是需求不能得到满足。幸运的是，婴儿可不会像大人那样怀有很深的城府，更不会把自己的所有心事都隐藏起来。他们非常坦诚地面对父母，用各种各样的表情来表达每时每刻的情绪。在这种情况下，父母如果仔细观察婴儿的面部表情，能够对婴儿的各种需求和情绪感受心领神会，那么相信亲子之间的关系就会越来越好。而且，孩子也会得到父母更好的照顾。当孩子的需求得到满足之后，孩子的情绪会变得更好，由此一来，亲子关系就进入良好的循环状态之中，会变得非常美妙。

婴儿会把自己所有的心思都用表情表现出来，例如当他们的需求得到满足时，他们就会感到非常愉悦，脸上挂着微笑，也常常手舞足蹈。当他们的需求不能得到满足时，他们就会哭泣，或者是面色沉重，不愿意与别人进行互动，这就意味着婴儿还有需求没有得到满足呢！

接下来，让我们看一看婴儿比较常见的表情，这样就可以在婴儿出现相应的表情时，更加快捷地揣测出婴儿真实的意图，了解婴儿真正的需求，从而给予婴儿及时的回应，使婴儿得到满足。显而易见，这对于父母和婴儿的相处是非常有好处的。

第一种表情是撅嘴。父母会发现很多婴儿都喜欢撅起小嘴，这往往意味着婴儿受到了委屈。那么，当婴儿撅起小嘴的时候，父母一定要第一时间给予婴儿帮助，也要第一时间想方设法地满足婴儿的需求。如果父母忽视了孩子撅嘴的表情，那么孩子在发现自己释放委屈的信号之后依然不能够得到满足，

第一章 六月的天孩子的脸，每个孩子都是"小戏精"

也许接下来就会哭起来。所以父母也可以把撇嘴理解成为婴儿哭泣的先兆和需求的信号。父母一定要重视婴儿撇嘴的表情。通常情况下，婴儿的需求就是肚子饿了想吃奶，觉得无聊了想有人陪他，或者是拉了屎了，需要父母帮助他清洗。所以在看到婴儿撇嘴的时候，父母可以观察孩子是否有这些方面的需求。

需要注意的是，如果婴儿出现撇嘴咧嘴的现象，那么父母要知道孩子很有可能想要小便。通常情况下，男孩儿和女孩儿表达想要小便的需求，表情是不同的。例如男孩儿会撅嘴，以此来表示自己想要小便，女孩儿则会咧嘴或者是用上嘴唇紧紧地含着下嘴唇，这也是小便非常典型的一个信号，那么父母要了解这些信号的含义，才能够及时给予孩子帮助。

第二种表情是咧开嘴巴笑。这种表情相信不用我们多说，大多数父母也都知道这是孩子情绪高涨的表现。当然，对于婴儿来说，他们并不会长时间地保持笑容。也许他们的笑容会转瞬即逝，所以爸爸妈妈一定要有火眼金睛，及时发现孩子做出了这个表情。面露微笑时，孩子还会做一些肢体动作。例如他们会手舞足蹈，他们的眼睛会冒出光芒，这都说明孩子的心情非常愉悦。在这个时候，父母要及时地回应孩子，也要用笑容面对孩子，还可以摸一摸孩子的额头，或者亲吻孩子的脸颊。

011

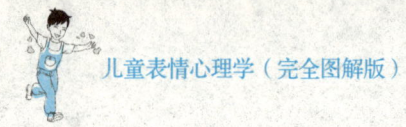

这对孩子而言都是很大的鼓励，他们会知道愉悦的表情能够得到父母积极的回应，因而更多地呈现出笑容。

第三种表情是皱起眉头放声哭泣。对于婴儿来说，哭泣是他们最常使用的语言。每当在生活中的需求得不到满足，或者感到心情烦躁的时候，他们就会用哭泣来表达自己的不满，或者是表达自己的烦恼。当看到孩子哭泣的时候，父母切勿觉得厌烦，也不要制止孩子哭泣，而是应该了解孩子为何哭泣。尤其是不要厉声地呵斥孩子，而是要用温柔的声音和孩子沟通，让孩子激动的情绪能够得到平复。如果周围的环境比较嘈杂，那么父母还应该意识到孩子可能是因为周围太过喧闹而哭泣，那么应该第一时间把孩子抱离嘈杂的环境，也可以给孩子一个他喜欢玩的玩具，让孩子尽快恢复平静。

特别需要注意的是在孩子哭泣的时候，父母一定不要大发脾气。很多父母看到孩子哭泣都非常烦躁，他们恨不得第一时间就让孩子停止哭泣。也有一些父母会怒声训斥孩子，这样会给孩子带来非常糟糕的影响。如果父母总是当着孩子的面发脾气，孩子就会在不知不觉之间学习父母的样子，他们的情绪会变得更加糟糕，很难以控制。

第四种表情是嘟起小嘴。不管父母是否相信，有一点都是

第一章 六月的天孩子的脸，每个孩子都是"小戏精"

确凿无疑的，那就是小小的婴儿也会感到无聊乏味。如果孩子把自己的小嘴巴嘟起来，表现出满脸委屈的样子，这正意味着他感到非常无聊乏味，那么这种情况下，父母要陪伴在孩子身边，和孩子一起玩儿。虽然小小的婴儿还不会说话，但是他们很喜欢父母和他们沟通。父母可以表现出夸张的表情，与孩子说话，或者拿来一个好玩的玩具陪着孩子一起玩，还可以抱起孩子去公园里走一走，看一看。对于孩子而言，这可都是打发无聊时光的好方式呢！

第五种表情是满脸憋得通红。孩子在什么情况下会满脸憋得通红甚至眼神还会有一些呆滞呢？这其实是孩子想要大便的明显的信号。当父母发现孩子出现这样的表情时，一定要在第一时间询问孩子是否想大便。当然，如果小小的婴儿还不会说话，也不会点头或者摇头，那么父母可以带着孩子去大便，说不定这样就可以避免孩子把大便拉在裤兜里。如果父母一直不能领会孩子的意思，孩子就会憋得非常难受，甚至会大声地哭泣起来。由此可见，父母第一时间领会孩子的意图可是非常重要的，这样不但能够满足孩子的需求，而且能够减少自己的很多麻烦。相信很多父母都有过为孩子清洁大便的糟糕经历，虽然这是父母应该做的，但是如果能够让孩子养成良好的排便习惯，岂不是更好吗？

第六种表情是困倦。很多父母都会发现,婴儿在吃饭或者是玩耍的时候,突然之间就眼神涣散,不像平日里那样眼睛炯炯有神,神采奕奕,而是会接连地打哈欠,甚至把头歪到一边,不愿意和父母互动,这意味着什么呢?说明孩子感到疲惫,很想睡觉了,小小的婴儿每天都要睡很长时间,当发现孩子释放出明显的困倦信号时,父母不要再继续和孩子玩耍了,而是可以带孩子去安静的地方,陪伴着孩子静静入睡,相信孩子很快就能够睡着,也会有一个香甜的睡眠。

第七种表情是非常慵懒。很多父母总是担心孩子会吃不饱,因而给孩子喂食过多的食物,让孩子喝很多奶。但是孩子如果吃得太多,就会变得很慵懒,这是因为他们已经吃饱了肚子,不想再继续吃了。那么,如何判断孩子是否已经吃饱了呢?对于很多新手父母而言,这的确是一个难题。其实,父母只要观察孩子的表情,就能够做出准确的判断。对于月龄比较小的婴儿来说,他们在感到饥饿的时候,吃奶非常急迫。但是如果他们已经吃饱了,就不会再那么用力地吃奶。一些孩子在吃饱了之后,会把头别到其他的地方,不再叼着奶嘴或者奶头,这说明他们已经吃饱了,不想再继续吃下去。他们的脸上是慵懒的、满足的表情,所以父母很容易就能够判断孩子是否吃饱了肚子,也就可以做出正确的决定,是继续给孩子喂奶,

第一章 六月的天孩子的脸,每个孩子都是"小戏精"

还是给孩子拍拍奶嗝。

第八种表情是吮吸,吮吸释放出的是非常强烈的饥饿信号。对于婴幼儿来说,他们每天重要的任务就是吃奶和睡觉。孩子如果感到困倦,就会眼神呆滞,不爱搭理人;孩子如果感到饥饿,就会做出吮吸的动作,而且会把头转向妈妈,把嘴张得大大的,看起来慌里慌张,实际上是他们迫不及待地想吃到甘甜的乳汁呢。如果妈妈不确定孩子是否真的饿了,可以用手触碰孩子的嘴角或者是脸颊。在妈妈做出这个动作之后,如果孩子爱答不理,那说明孩子并不想吃奶;如果孩子马上就把头转向妈妈,张开嘴巴四处寻找,那么就说明孩子早就等着吃奶了,妈妈就要把孩子喂得饱饱的。孩子吃饱了奶之后就会心满意足,非常慵懒,说不定还会在吃饱了之后呼呼大睡起来呢!

婴儿尽管不会说话,但是他们的表情是非常丰富的。爸爸妈妈只要能够解读婴儿的表情,就可以了解孩子的心理需求,也可以及时回应和满足孩子的需求,这对于亲子之间的相处可是非常好的。在读懂孩子的需求之后,爸爸妈妈也才能够更好地照顾孩子,让孩子健康快乐地成长。

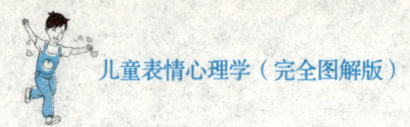

不要强行禁止孩子哭泣

很多父母都不喜欢听到孩子哭泣，只要听到孩子哭泣不止，父母的心情马上就会变得非常烦躁，甚至会非常严厉地训斥孩子，禁止孩子哭泣。这样的情况下，孩子会感到内心非常恐惧，反而会哭得更厉害。也有一些孩子因为畏惧父母而强行停止哭泣，把负面情绪压抑在心里，这对于他们的心理健康是非常不利的。

心理学上有一个专业名词叫作哭泣效应。所谓哭泣效应，指的是人们在哭泣之后，原本郁闷的心情就会变得舒畅起来，这样就可以避免负面情绪的堆积，从而造成不好的后果。对于孩子而言，哭泣并非纯粹的坏事情，而很有可能是一件好事情。哭泣是孩子发泄情绪的一种方式。所以父母切勿总是粗暴地禁止孩子哭泣，也不要认为孩子爱哭就是性格软弱的表现。有些父母还会告诉孩子自己不喜欢哭闹的孩子，这会使孩子在哭泣的时候产生沉重的心理负担，觉得自己一旦哭泣就不能得到父母的喜爱，这使他们承受了很大的压力。

父母应该设身处地为孩子想一想，当父母因为一些伤心难过的事情而哭泣的时候，是想要得到他人的理解和包容呢，还

是希望自己被他人严令禁止"别哭了"。相信大多数父母都会选择前者,而不希望得到后者这样的待遇。其实在孩子哭泣的时候,父母并不需要做太多的事情,只要默默地陪伴在孩子的身边,或者给孩子一个温暖的怀抱,孩子就会很快停止哭泣,从负面情绪中走出来。

父母要知道,孩子正是通过哭闹的方式来寻求自我保护,正是因为如此,很多孩子在感到不满足,或者是情绪不佳的时候,都会哭闹不止。遇到这种情况,父母更要有足够的耐心对待孩子,切勿对孩子爱答不理,也不要因此就马上答应满足孩子的一切要求。这两种极端的方式对于孩子成长而言都是不好的。明智的父母会采取延迟满足的方式,积极地回应孩子,却不立刻满足孩子的要求,从而让孩子在情绪上得到平复,也让孩子知道他的所有欲望不可能全都得到满足,从而做出取舍。

甜甜四岁时在家里的沙发上蹦来蹦去,一不小心从沙发上掉落下来,肩膀着地,导致锁骨骨折。当时,爸爸妈妈并不知道甜甜的锁骨骨折了,还以为甜甜和以前一样胳膊脱臼了呢,因而赶紧扶着甜甜站起来,想看看甜甜能不能抬起胳膊。甜甜撕心裂肺地不停哭泣,妈妈想把甜甜抱在怀里,甜甜也不同

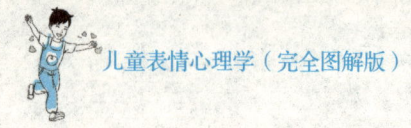

意。她一个劲地说:"我要去床上,我要睡觉!"看到每天晚上都要玩到很晚的甜甜突然吵闹着要睡觉,妈妈有些手足无措。她想问清楚甜甜到底是如何摔到肩膀的,但是甜甜哭得很厉害,根本无法表达。无奈之下,妈妈只好让甜甜平躺在床上。

甜甜躺在床上,哭声渐渐小了一些,但是她依然在哭泣。妈妈想陪伴在甜甜的身边,甜甜却想一个人待着,妈妈只好离开了甜甜的房间。妈妈一直在门口守候着甜甜,过去了大概十分钟,甜甜的情绪才渐渐平静下来。这个时候,妈妈询问甜甜的胳膊还疼不疼,甜甜依然说很疼,不过她的大声已经变成了小声。这个时候,妈妈检查了甜甜的胳膊,意识到必须去医院,赶紧打着车带甜甜去医院。

孩子感受到痛苦或者是突然发生意外的时候,都会本能地开始哭泣。在这种情况下,父母不管有多么着急,也不要禁止孩子哭泣。也许父母急着处理孩子的意外伤害,但是孩子却有哭泣的权利。在这个事例中,妈妈听到甜甜说胳膊疼,虽然很担心,但是却没有当即禁止甜甜哭泣,因为对于孩子而言,哭泣真的能够帮助他们减轻痛苦。也许在那个时刻里,才四岁的甜甜最需要的就是通过哭泣来发泄自己痛苦的

第一章 六月的天孩子的脸,每个孩子都是"小戏精"

感受,妈妈给了她这样的时间和空间,然后才带着她去医院就医,这让她的情绪上得以平复,也让她有了更多的时间面对自己。

每个孩子在哭闹的时候,想要得到满足的需求都是不同的。那么,父母应该了解孩子真正需要的是什么,例如有些孩子哭泣的时候需要父母的拥抱,而在某些时刻里,他们只想自己待着,一个人哭泣。父母不要强求孩子,在确保孩子安全的情况下,父母应该尊重和满足孩子的需求。

对稍微大一点的孩子,父母要鼓励孩子表达自己的情绪和需要,而不要只是以哭泣这种方式来发泄负面情绪。父母要告诉孩子,哭泣并不能解决问题,而只能发泄情绪。要想更快更好地解决问题,就应该把自己的问题说出来,才能得到帮助。当然,有的时候孩子哭泣并不是为了得到帮助,他们只是想要发泄自己的情绪。在这种情况下,父母可以适当地安慰孩子,要学会接纳孩子的情绪,这样才能让孩子感到心安。

尤其需要注意的是,千万不要因为受到孩子的哭泣和要挟,就答应孩子的各种要求。如今,很多孩子都是家里的小霸王,他们不管有什么要求都必须马上得到满足。当父母不能够同意立刻满足他们的要求时,他们就会不停哭泣,这样的哭泣

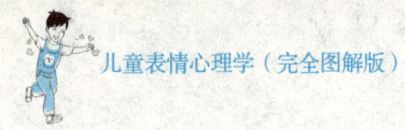

其实是一种杀手锏。如果父母向孩子妥协，那么孩子就会更频繁地以哭泣方式要挟父母。面对孩子的要挟式哭泣，父母可以暂时不做出回应，而是让孩子自己哭个够。等到孩子哭够了，发现自己即使哭也不能改变事情的结果时，他们就会明确自己的行为界限。当然，要想对孩子采取冷处理的方式，父母就要确定孩子真的是要挟式的哭泣，而不是因为身体不舒服，或者是有真正的需求需要立刻得到满足。

总而言之，父母应该是最了解孩子的人，对于孩子的哭泣，父母也应该有自己的认知。每个孩子都是世界上独立的生命个体，他们的哭声当然也是与众不同的。父母如果把所有孩子的哭声都看作是一样的，那么就不可能有针对性地满足孩子的需求。父母只有知道孩子的个性需求，了解孩子的哭声含义，才能够给予孩子最好的回应和帮助。

读懂婴儿不同的哭声

在婴幼儿时期，哭泣是婴儿最重要的语言，尤其是在婴儿时期，婴儿还不会说话，所以就更是以哭声来表达自己不同的需求，来表达自己的情绪和感受。从生理学的角度来说，哭

第一章　六月的天孩子的脸，每个孩子都是"小戏精"

闹是婴儿的一种本能反应，他们用这种方式和父母之间进行沟通，也对外界的刺激做出反应。所以说，哭泣是婴幼儿特殊的语言，甚至是婴幼儿锻炼身体的一种好方式。

但是，如果父母不能听懂婴儿的哭声，在看到婴儿哭闹不止的时候，父母就会非常抓狂而无法继续保持理性。也有一些父母脾气不好，情绪暴躁，还会制止婴儿哭泣，这对于婴儿而言当然是很糟糕的回应，也不利于父母更好地了解婴儿。

父母要读懂婴儿不同的哭声所代表的含义，从而给予婴儿积极正确的回应，这样才不会因为婴儿的哭泣而感到厌烦，因为他知道婴儿的哭泣是有目的和有含义的，也就不会因为婴儿的哭泣而情绪焦虑。有些父母很愿意听到婴儿哭泣，从而知道婴儿的真实需求和感受。

第一种，婴儿之所以哭，是因为非常健康，他是在以哭泣作为一种运动方式。婴儿还非常小，他们还不能坐立或者站立，也不能独立地行走，而只能每天躺在床上。有的时候，他们觉得无聊了，就会哭泣，这只是他们证明自己身体健康的一种方式。健康婴儿的哭声抑扬顿挫，非常响亮，而且很有节奏感。最重要的是他们不会流出很多眼泪，即使流眼泪也只会流出几滴眼泪，这是因为他们并不是真的想哭，而只是想要证明自己很健康。在婴儿时期，婴儿经常会发出这样的哭泣，但是

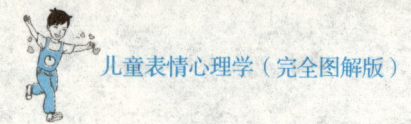

他们的饮食睡眠都是非常正常的，而且他们的身体也没有任何异样，所以父母无须为此感到紧张。在婴儿哭泣的时候，父母可以抚摸婴儿，或者把婴儿的小手拿起来放在腹部，轻轻地摇晃婴儿的小手，得到父母及时的回应之后，婴儿说不定就会停止哭泣。

第二种，哭泣是求抱抱。很多婴儿每天躺在床上，觉得非常无聊，他们却无法通过语言来告诉父母，他们想要站起来看看外面的世界。这个时候，他们往往表现得非常急迫，左右扭动脑袋，表情略显烦躁。但是他们的哭声并不会那么急促，这是因为他们的哭泣只是在求抱抱，而并没有生理上的需求迫切需要满足。在这样的情况下，他们的哭泣甚至还带有颤音，这意味着这种哭泣并不那么急迫。听到婴儿这样的哭泣，父母可以抱起婴儿在房间里走来走去，或者到窗外让婴儿看看外面的世界，或者对婴儿说一些话，这样婴儿就会得到情绪上的满足，感到安全，也就不会再哭泣了。

现代社会有很多父母，在婴儿哭泣的时候，为了避免婴儿变得越来越娇气，所以不会马上抱起婴儿，而是要让婴儿哭一段时间之后，再抱起婴儿。实际上，对于婴儿来说，无论多么宠爱他们，都是不为过的。婴儿并不会被宠坏，这是因为婴儿在出生之后，急迫地要与父母建立安全依恋的关系。所以在

第一章 六月的天孩子的脸，每个孩子都是"小戏精"

这个时间里，父母一定要及时出现在婴儿身边，特别是当婴儿需要的时候，父母一定要关爱婴儿，帮助婴儿建立安全依恋关系。这会让婴儿获得很大的安全感。如果父母总是忽视婴儿的哭声，或者故意对婴儿的哭声毫无反应，那么就无法及时地满足婴儿的需求，婴儿自然会感到不安全。还需要注意的是，父母可以多多地抱起婴儿，陪伴在婴儿身边，这会让婴儿与父母的关系更为亲密。等到婴儿一岁之后，如果婴儿经常哭泣，那么父母可以对婴儿延迟满足，这对帮助婴儿形成健全的人格和强大的内心都是很有好处的。

第三种，哭泣是烦躁的哭泣。婴儿在独处的时间长了之后就很容易烦躁，如果周围的环境特别嘈杂，他们也会感到厌烦。在这种时候，父母要确定婴儿是因为身体不适才哭泣，还是因为有需求没有得到满足才哭泣，或者是因为周围环境而感到烦躁。当确定是最后一种原因之后，父母要尽快地带着婴儿离开嘈杂的环境，从而让婴儿获得安静的环境。有些婴儿对外部的环境是非常敏感的。当周围的环境出现变化的时候，他们会感到很难适应，所以父母应该固定婴儿每天进行日常活动的场所，例如在某个地方喂奶，在特定的地方洗澡，在固定的地方散步，这会让婴儿感到周围的环境很熟悉，心情也比较平和。

023

第四种，想要睡觉的哭泣。婴儿每天都需要睡很长的时间，毕竟婴儿每天重要的任务就是吃奶和睡觉。对于成人来说，困了就可以直接闭上眼睛睡觉，但是对于婴儿来说，他却并不愿意自主地睡觉。很多婴儿会有入睡困难的情况，他们尽管已经做出了很多表示困倦的动作，例如揉眼睛、打哈欠，但却还是不愿意入睡。尤其是当身边有人说话或者有强烈的光线时，他们会非常烦躁，这是因为他们感到非常困倦，却不能够马上入睡。当婴儿特别困倦的时候，他们的哭声会很着急，也会带着颤音，父母应该让婴儿在熟悉、安静的环境中入睡。这才有助于婴儿的睡眠，也能够平复婴儿烦躁的情绪。

第五种，是因为有了生理需求而发出哭声。例如婴儿拉屎了，撒尿了，感到脏兮兮的不舒服，他们就会哭泣，召唤父母来帮他们清理干净，让他们保持干燥舒适。还有的婴儿饿了也会哭泣。他们不能主动地吃奶，必须靠妈妈的帮助才能吃奶，所以他们要用哭声来释放自己饥饿的信号。当然，婴儿也会感知到外界环境的冷热。例如婴儿感到冷了的时候会哭得低沉而有节奏感。有些婴儿感到特别冷，会出现手脚发凉、嘴唇发紫的情况，还会出现打嗝的情况。如果婴儿因为感到热而哭泣，那么他们就会表现出特别烦躁。他们会挥舞着四肢大声啼哭，

第一章 六月的天孩子的脸，每个孩子都是"小戏精"

这意味着他们想要尽快得到凉爽。父母应该经常抚摸婴儿裸露在外的身体部位，从而观察婴儿是热还是冷。当这些外在的身体部位很热，说明婴儿的身上更热；当这些身体部位很凉时，说明婴儿也许受凉了，需要及时添加衣物。

婴儿对于温度还是非常敏感的，因而往往穿得比成人要多一些。父母给婴儿换尿布，或者是给婴儿换衣服的时候，婴儿会感受到寒冷，也会因为不满而哭泣。所以父母在给婴儿换尿布或者换衣服的时候，应该加快手上的动作，尽量不要让婴儿暴露在寒冷的空气中，一则婴儿会哭泣，二则如果婴儿受凉了还会生病，使照顾婴儿变得更难。

第六种，哭声表达了婴儿想要有人陪伴，想要尽情玩耍的需求。每个婴儿都喜欢和成人在一起玩，只是他们表达的方式不同而已。当然，也有的婴儿能够更长时间独处，但是大多数婴儿都喜欢与人交往，都喜欢身边有人陪伴。当感到特别无聊的时候，他们就会低声哭泣，来向父母表达他们想要陪伴的需求。这个时候，父母可以抱起婴儿，带着婴儿去一个新鲜的环境里看看风景，也可以和婴儿咿呀地说话，还可以摸摸婴儿的手脚，给婴儿做健身操。总而言之，这样的互动都能够帮助婴儿消除寂寞或无聊，让婴儿的心情好起来。

婴儿很喜欢哭泣，哭泣是他们在这段时间里唯一的语言。

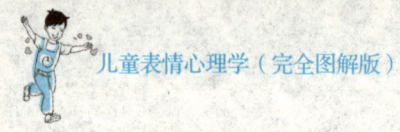

当然,除了这些生理和心理上的需求需要得到满足之外,婴儿偶尔也会出现身体不适的情况。当生病的时候,婴儿的哭声往往会非常无力,也会有烦躁的表现。父母要知道婴儿的哭声不够响亮,出现无精打采、食欲不振等表现时,往往意味着婴儿很有可能生病了,要及时带着婴儿去就医问诊。总而言之,婴儿的哭声含有丰富的含义,根据婴儿不同的哭声,父母要满足婴儿不同的生理需求和心理需求,这样婴儿才能得到更好的照顾,也才能健康成长。

对孩子的精彩表演不动声色

英国生物学家查尔斯·达尔文认为,人类生而有一种本能,那就是用表情来表达各种各样的情绪。这种本能是全人类所有的,并不因为国界而受到限制,也不因为语言和文化而受到限制。这意味着新生命从呱呱坠地开始,就会以表情来表达自己的各种情绪,虽然太小的婴儿还没有很强烈的情绪,但是他们却有各种各样的需求,所以也可以通过表情来表达。

随着不断成长,孩子们用表情来表达情绪的能力会不断增强。父母们看着孩子一天天长大,对于孩子每一点一滴的变化都会看在眼里。例如,前一段时间,孩子还只能用表情来表达自己的需求,渐渐地,就可以用表情来表达自己的不同情绪了。他们简直变成了表情包,会做出各种微妙的情绪。这让父母感到非常惊喜,但是面对这样的一个小戏精,父母也常常觉得无奈,不知道应该如何应对孩子。

很多人对于表情的理解都非常狭隘,认为所谓表情,就是喜怒哀乐等非常典型的面部表现。而实际上,表情还包括更为丰富的含义,例如孩子的身体姿态、语言声调等也属于表情的范围。所以父母在观察孩子的表情时,还要注意观察孩子的肢体动作、语言声调等,这样才能够更好地捕捉孩子的表情,也更深入地了解孩子的情绪。

人们常说,六月的天,孩子的脸。这是因为六月的天气总是随时都会发生变化。也许前一刻还阳光明媚,后一刻就暴雨如注,也许前一刻还阴云密布,后一刻就拨开云雾见天日。孩子的表情也是变化非常丰富的,而且变化的速度很快。孩子也许前一刻还哭得梨花带雨,后一刻就会笑得比阳光更灿烂,也许前一刻还愁眉苦脸,后一刻就会吐舌头做鬼脸逗笑身边的人。这些表情瞬息万变,非常丰富,都是孩子内心世界的真实反映。那么父母面对孩子这些表情时,面对孩子的

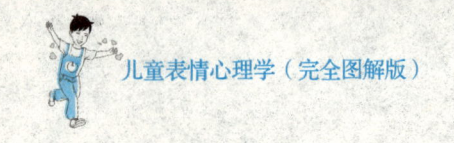

精彩表演时，一定要及时捕捉孩子的表情，也要做出良好的反应。

那么，在现实生活中，孩子会做出哪些精彩的表演呢？作为父母，对以下的场景一定非常熟悉。例如，孩子想要一个喜欢的玩具，父母不愿意给孩子买，孩子马上就会由晴转阴，甚至会哭闹起来。这是孩子把哭闹作为要挟父母的手段，那么父母应该不动声色，让孩子哭个够，也让孩子知道父母的底线，这样等到下次再发生类似的情况时，孩子就不会再以哭闹来要挟父母了。

也有一些孩子非常坚强，他们在感到疼痛的时候会哭，但是很快又会调整表情，假装坚强起来。例如孩子们在打防疫针的时候被吓得哇哇大哭，当看到妈妈一直在用信任的目光注视着他，他说不定打完针之后又会带着眼泪笑着对妈妈说："原来，打防疫针也没有想象的那么疼呀！"看到孩子这样的表现，妈妈往往会感到很欣慰，这个时候可以拥抱孩子，也可以对孩子表示认可和赞赏，夸赞孩子非常勇敢，这能够增加孩子的勇气，让孩子在下次打防疫针的时候有更好的表现。

总而言之，孩子的表情是非常丰富精彩的，这使他们就像一个戏精一样，每天都在把人生当成舞台，进行各种各样的表演。不管孩子的表现是好还是坏，也不管孩子扮演了怎样的情绪角色，爸爸妈妈都要保持不动声色，以不变应万变，当然，这里所说的不动声色并非让爸爸妈妈不给孩子任何回应，而是说爸爸妈妈要保持情绪的稳定，这样才能够给予孩子良好的回应，避免因为情绪波动而和孩子之间发生冲突。

第二章

积极表情解读：好父母造就孩子的正能量

每当心情愉悦，内心充实的时候，人就会表现出积极的表情，孩子也是如此。和成人会违心地做出一些表情来掩饰自己的内心相比，孩子是非常纯真的，他们的表情都是因为真实的心理才做出的本能反应，所以孩子常常会微笑，偷偷地笑，忍俊不禁地笑，哈哈大笑。在生活中，父母应该坚持对孩子进行正向的强化，这样孩子的脸上才会有更多的笑容，孩子的内心才会更加积极向上。

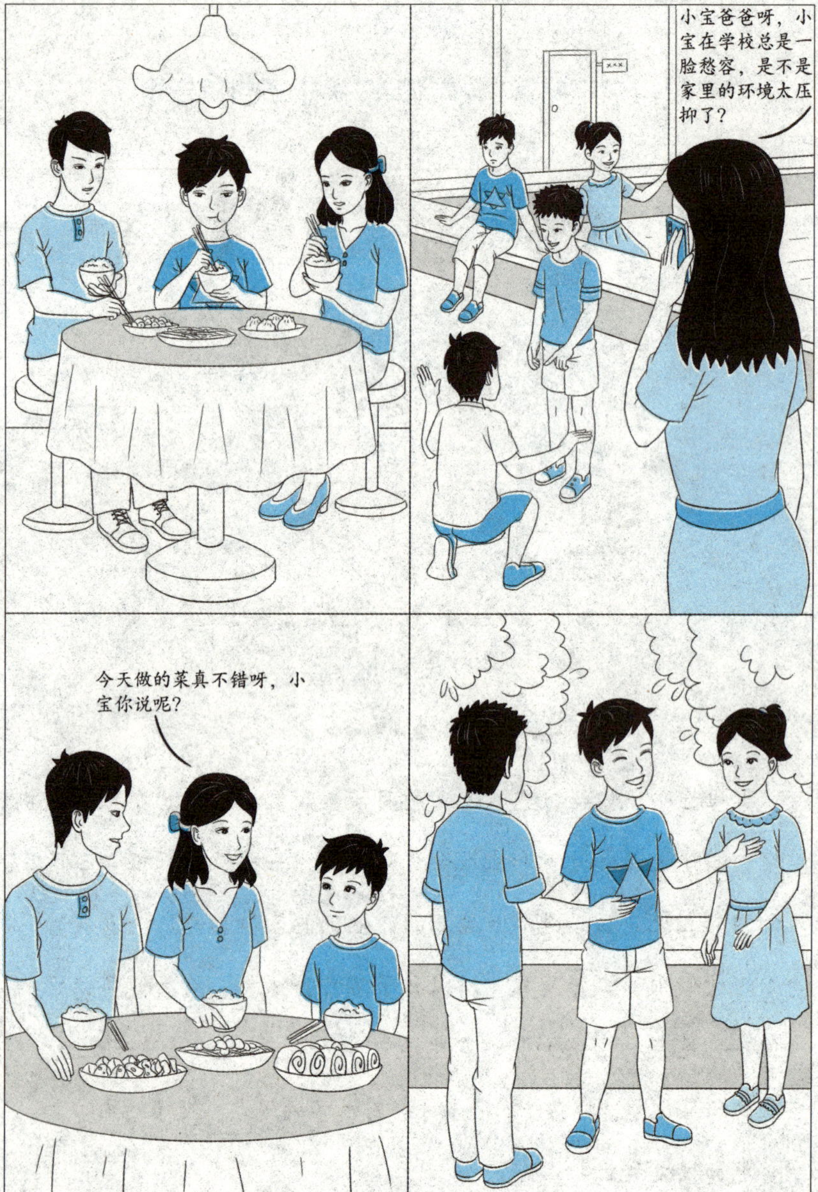
小宝爸爸呀，小宝在学校总是一脸愁容，是不是家里的环境太压抑了？
今天做的菜真不错呀，小宝你说呢？

内心愉悦，表情和善

当一个人心情愉悦的时候，他的脸上就会呈现出微笑的表情，这种表情并不是他可以假装出来的，甚至他自己也不知道自己的脸上挂着微笑，因为这是他心情愉悦的本能表现。愉悦的表情是非常常见的，但是对于很多人来说却非常难得。这是因为愉悦的表情很难伪装出来，这种表情很微妙，它不像哈哈大笑可以夸张地做出来，也不像愁眉苦脸可以故意地表现出来。愉悦的表情更多地来自人真实的内心状态，需要眼睛和嘴巴配合，才能做出这种非常自然的表情。孩子常常会呈现出愉悦的表情，这是因为他们的需求得到了满足，他们的情绪非常愉快，所以他们的眼睛会笑眯眯地弯起来，就像是一弯月牙，他们的嘴角会轻微上扬，表现出他们心情大好。当看到这样的表情时，父母就要知道这意味着孩子非常愉快。

新生儿呱呱坠地的那一刻，往往会发出嘹亮的哭声，这是因为他们需要学会自主呼吸，让空气进入肺部。对他们来说，这是出生之后的第一大难关，当掌握了自主呼吸之后，他们在心情愉悦的时候，就会情不自禁地发出咯咯的笑声。每一个父

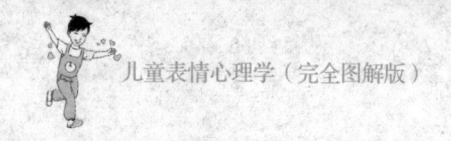

母都认为，孩子清澈纯粹的笑声是世界上最美妙动听的声音，每一个父母也都希望孩子能够经常欢笑，而尽量少地哭泣。

孩子的成长是非常迅速的，在不同的年龄阶段，孩子的微笑往往代表着不同的意义。很多新生儿会在睡眠中呈现出微笑的表情，这让父母感到非常新奇。而实际上，新生儿的微笑并没有明确的含义，而是自然进化的结果。随着不断的成长，婴儿才开始发出真正的微笑，并且他们还会有意地控制自己的微笑。

在出生之后五到六个星期的时候，婴儿开始出现一定的偏好，他会更喜欢某个人的声音，更愿意看到某个人的容貌，婴儿的微笑开始具备社会性的特点。在三四个月大的时候，婴儿就开始出现了选择性的社会性微笑，这个时候，婴儿的微笑才具有非常明确的社会性。在这个阶段里，婴儿往往是因为发自内心的喜悦才会呈现出微笑。

从此之后，孩子不断成长，他们会用微笑来表达自己内心的喜悦，也会通过微笑来与他人之间建立良好的关系，希望得到他人积极的回应。很多幼儿都知道，自己如果微笑着面对他人，就会得到他人微笑的回应，这使他们把微笑作为社交的手段与他人相处。那么，具体来说，孩子到底为何会心情愉悦面带微笑呢？

很多父母都知道，孩子的内心是非常简单纯粹的，而且他们很容易得到满足。有的时候，成人的世界非常复杂，为了得到更多的金钱物质，为了满足自己在各个方面的欲望，成人往往要非常辛苦地打拼，每天不停地忙碌奔波，才能够距离自己的梦想越来越近。但是对于孩子而言，他们并没有这么多烦恼，也没有这么远大的追求，他们只是希望得到一杯牛奶，或者希望吃到一颗非常甜蜜的糖，甚至只是希望能够得到妈妈的拥抱和亲吻，他们就会非常满足，面露笑容。对于孩子而言，快乐是一件非常简单的事情，与金钱和物质都不挂钩。孩子的需要很简单，所以他们就更容易得到满足，也就常常感到很开心，很快乐。

在此过程中，父母需要注意的是，有一些父母为了让孩子始终感到快乐，就会无限度地满足孩子各种要求。实际上，当父母过于轻易地满足孩子的要求，那么孩子得到满足之后并不会得到快乐，这是因为孩子经常得到满足，所以他们并不以得到满足为乐。明智的父母会适当延迟满足孩子的要求，这样一则可以让孩子获得更大的愉悦，二则也可以让孩子学会自我控制。要知道，没有任何人的所有欲望都能得到满足。孩子终有一天会长大，他们会面对这个纷繁复杂的社会，社会当然不会像父母那样无条件地满足孩子的需求，那么父母就要提前做好

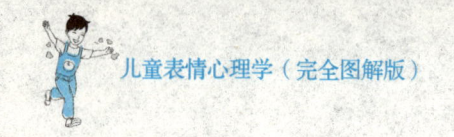

准备，教会孩子如何平衡心态，如何获得更多的快乐。

每个人都是社会的成员，孩子也是如此，那么在帮助孩子获得快乐的过程中，父母可以给予孩子一些引导，也可以身体力行地为孩子做出良好的榜样和示范。具体来说，父母要想让孩子保持内心的愉悦，呈现出友善的表情，就要做到以下几点。

首先，教会孩子与人分享，能够让一份快乐变成双份的快乐，也会让一份痛苦变成半份痛苦。父母一定要让孩子学会分享，这样孩子就能够与别人分担痛苦，也能够与别人共享快乐。在家庭生活中，很多父母都会把好吃好喝的东西都给孩子独享，这对于培养孩子分享的品质并没有好处。即使是在家庭生活中，父母也可以和孩子分享一些好的东西，这样孩子才能渐渐养成分享的好习惯，也在与人分享的过程中获得满足，感到快乐。

其次，要教会孩子乐于助人。在这个世界上，每个人都是孤独的生命个体，每个人又都生活在人群之中，离不开他人的帮助。孩子虽然小，在小时候得到父母无微不至的照顾，但是总有一天孩子会长大。他们会离开父母的身边，融入社会和集体生活。因此，孩子要学会乐于助人，这不仅仅是为了向社会传递爱，也是因为只有乐于助人的孩子，才能够得到他人的帮

第二章 积极表情解读：好父母造就孩子的正能量

助。人不可能只靠着自己的力量就做好每一件事情，任何人都是如此。

再次，要给予孩子合理的预期。现代社会，很多父母都陷入焦虑状态，他们对孩子望子成龙，望女成凤，恨不得孩子一夜之间就能成才。实际上，这对于孩子是非常过度的要求。父母们要知道，孩子虽然因为父母才来到这个世界上，但并不是父母的附属品，更不是父母的私有物。孩子有自己的人生，父母可以给孩子提出努力的方向，也可以适度期望孩子，却不要试图主宰和掌控孩子的人生。父母如果对孩子期望过高，就会给孩子很大的压力，使孩子否定自己，产生很强烈的挫败感。父母如果适度期望孩子，就能够让孩子更加充满自信，更快乐地成长。

最后，父母要让孩子拥有丰富精彩的生活，也要为孩子创造和谐愉悦的家庭环境。很多父母都会强求孩子必须做父母喜欢的事情，而不尊重孩子的兴趣和爱好。实际上，这对于孩子是非常不公平的。父母要为孩子营造轻松愉悦的家庭坏境，要以民主为原则，在家庭中有事情发生的时候，多多征求孩子的意见，这样孩子才会感受到自己是家庭的小主人。如果父母总是对孩子居高临下，那么与孩子之间的关系就会越来越疏远。总而言之，原生家庭对于孩子的影响是很大的，父母更是孩子

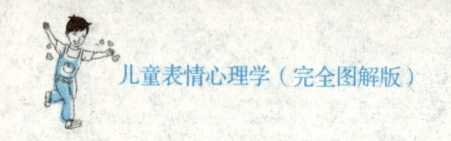

最值得信任的人，所以，父母为孩子创建良好的家庭环境，才有助于孩子心情愉悦，表情友善。

父母好心态，孩子好心情

在家庭生活中，父母很容易就会影响孩子的情绪。通过观察可以发现，如果父母的情绪平和乐观，那么孩子往往也非常阳光开朗；如果父母的情绪非常压抑、悲观，那么孩子在面对很多事情的时候，就往往怀着消极的态度，情绪也会非常低落消沉。在现实生活中，父母往往承受着很大的压力，既要做好工作，又要兼顾家庭，尤其是还要费心费力地照顾孩子，一不小心就会在生活中产生各种各样的负面情绪，又会把这种负面情绪传染给孩子，使孩子感到压抑、悲观，也和父母一样非常喜欢抱怨，待人挑剔苛责，这对于孩子而言当然是非常糟糕的。

父母只有保持良好的心态，才能够让孩子拥有良好的心情。如果父母的心态不好，整个家庭的气氛都会变得很阴沉压抑，孩子又如何能够像阳光一样明媚开朗呢？所以父母不管在生活中承受了多么大的压力，面对着怎样的一地鸡毛，都切勿把负面的情绪带入家庭中，更不要把所有的不满意都一股脑地发泄在孩子身上。

　　精神状态对人的影响是非常大的。一个人如果精神状态不好，那么很多事情都会处于糟糕的状态之中；一个人如果精神状态良好，那么就能够在很多事情上都表现良好，包括工作、学习上的表现，以及在人际关系中的表现等。所以，不管是父母还是孩子，都要保持积极乐观的心态。父母作为孩子最亲密无间的照顾者，也作为孩子成长的陪伴者，还作为孩子人生的监护者，往往在潜移默化中对孩子起到重要的作用。总之，父母如果要想让孩子有好心情，自己首先要调整好心态。

　　首先，父母要和孩子积极沟通。在现实生活中，很多父母在和孩子沟通的时候往往会抱着消极的态度，也会说出一些具有浓重消极意味的话，甚至还会责怪和抱怨孩子。听起来，作为父母这样做，似乎没有太大的问题。但实际上，这么做对孩子的影响非常深远。父母每天和孩子朝夕相处，父母的言行举止一定会对孩子产生影响，父母还是孩子最好的榜样，所以父母对孩子的影响是在潜移默化之中完成的。父母不论说出积极乐观的话，还是说出消极悲观的话，都会让孩子在不知不觉中模仿父母。尤其是在遇到一些问题的时候，父母的态度也会对孩子造成很大的影响。有些父母本身就具有很强的逃避和畏缩

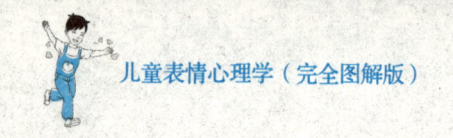

心理，遇到小小的问题就会从外界寻找原因，而不会主动地反思自己，这使得他们满怀抱怨。渐渐地，孩子也会成为和父母一样的人。所以父母要以身作则，给孩子树立最好的榜样。

其次，不要把工作上的负面情绪带回家。很多父母在职场上打拼，的确是非常辛苦的，也承受了巨大的压力，工作过程中一定会遇到各种各样不顺心的事情。如果在公司里不敢向领导抱怨，也不敢向下属倾诉，那么就会把这样的情绪带回家里来。家人虽然是最亲近的人，却也是最容易受到伤害的人。如果父母把负面情绪发泄到孩子身上，孩子就会感到深受打击，甚至失去信心，也有一些孩子非常畏缩、胆怯，他们看到父母暴怒的情绪，甚至会觉得是因为自己犯了错误，因而全盘彻底地否定自己。渐渐地，孩子就越来越畏缩胆怯，他们形成了消极的心理，就不愿意再保持笑容。

在回到家里的时候，父母可以把自己的情绪先调整好，再进入家门。要把那些负面的情绪都放下，要带着积极的情绪给孩子以良好的影响，最好能够调整好自己的表情，让自己面带微笑去面对孩子。毕竟孩子一天都没有看见父母了，他们很期望和父母在一起，所以千万不要让孩子失望哦！

再次，父母在教育孩子的时候，不要急功近利。很多父母都希望孩子能够成人成才，主要是希望孩子在学习上有更好的表现，能够取得优秀的成绩，将来考上好大学，找到好工作。实际上，并不是每个孩子在学习方面都有天赋。很多孩子虽然学习很努力，但是却未必能取得良好的学习成绩。在这样的情况下，父母不要一味地否定和打击孩子，而是要认识到每个孩子都有自己的特长。自信，是孩子成功必不可缺少的心理素质之一。父母应该给予孩子更多的支持和鼓励，也应该让孩子发展自己真正的兴趣爱好，这样孩子才能够从感兴趣的活动中树立信心，也才能做自己擅长的事情。当孩子获得了成就感，他就会更加积极乐观。

最后，父母要为孩子营造快乐的家庭氛围。在一个愁云惨淡的家庭之中，孩子无法保持良好的心情，只有在和谐融洽的家庭中，孩子才能够感受到更多的快乐。要想让孩子有好心情，拥有愉悦的心情，父母就要营造快乐的家庭氛围。父母本身还要非常乐观，要积极地与孩子沟通，这样孩子才能够形成良好的行为习惯。

具体来说，为孩子营造快乐的家庭氛围，父母要做到以下几点。首先，要多多认可和鼓励孩子，而尽量不要批评孩子。即使是给孩子提出意见，也要更加委婉，以孩子容易接受的方式表达。其次，要经常微笑着面对孩子，可以多多拥抱孩子，这样会让孩子感受到温暖。最后，在遇到困境的时候，父母不

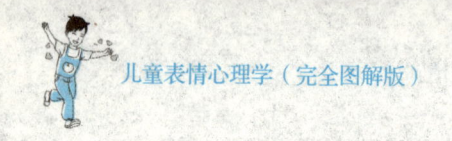

要怨天尤人，尤其是不要当着孩子的面选择放弃，而是要给孩子做好榜样，迎难而上，积极地克服各种各样的困难，这样孩子才能够战胜悲观的情绪，也能够坚韧不拔地战胜一切艰难险阻。当孩子认识到自身的力量，并且渐渐地形成自信时，他们自然会拥有好心情。

对正处于成长过程中的孩子而言，一定要拥有积极乐观的好心态，这样才能够保证拥有更美好的未来，也能够获得一生的幸福。积极乐观的好心情还能够让孩子采取主动的行动，让孩子在面对困难的时候充满勇气，让孩子在面对人生的不如意时始终坚定不移。由此可见，好情绪对孩子的一生都有着深远的影响。作为父母，你拥有好心态吗？

让孩子充满自信

自信是孩子人生的风帆，充满自信的孩子在面对不如意的人生时，在面对各种艰难挫折时，总是能够振奋精神，勇敢面对。而那些自卑胆怯的孩子，即使只是遇到小小的困难，也会情不自禁地畏缩退却，最终与成功失之交臂。他们甚至还没有勇气去尝试，更没有机会遭遇失败，就已经彻底地宣告了放

第二章 积极表情解读：好父母造就孩子的正能量

弃。不得不说，这是生命最大的失败。

杜根是美国职业橄榄球联会前主席，对于自信，他曾经说过，强者未必能够取得胜利，但是胜利一定属于充满自信的强者。这句话非常有道理，细细品味，就会知道坚强与成功之间的关系。这句话也告诉我们，自信对于一个人是多么重要。一个人是成功还是失败，很大程度上取决于他是否自信。拥有自信的人即使遭遇失败，也能够坚韧不拔地再次尝试，最终踩着失败的阶梯，努力向上到达成功的巅峰。而缺乏自信的人，他们面对着不可预知的结果，往往会退缩胆怯，甚至会主动选择放弃，这样他们就连失败的机会都失去了，又怎么可能会获得成功呢？

对于孩子而言，自信心也是非常重要的。明智的父母要培养孩子的自信心，让孩子脸上露出自信的表情，这样孩子才能够在成长过程中有更好的表现。

自信的孩子，知道自己的能力是强还是弱，也知道自己的优势和劣势在哪里，他们不是初生牛犊不怕虎，而是明知山有虎，偏向虎山行。他们的脸上时常挂着自信的微笑，他们并不像那些胆怯畏缩的孩子一样，只要所处的环境发生了改变，就会因为缺乏安全感而惴惴不安。自信的孩子相信自己的力量，即使面对很大的困难，他们也相信自己只要坚持不懈，就能够

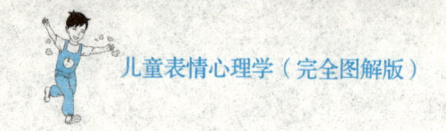

战胜困难。与自信的孩子相比，自卑的孩子常常感到无力，他们既不相信自己，也不相信周围的世界，所以他们会陷入焦虑、恐惧等负面的情绪状态中。

自信的孩子会把自己的优点与他人的优点比较，如果自己略胜一筹，那么他们并不会得意忘形，而是会再接再厉，发挥自己的优点。即使比不过别人，他们也不会灰心丧气，更不会自暴自弃，而是会激励自己向他人学习，从而获得更大的进步。和自信的孩子相比，自卑的孩子有一个非常明显的缺点，那就是他们会把自己的不足与别人的优势进行比较，可想而知，一个人不可能在每个方面都非常优秀，把自己的不足与别人的优势进行比较，则只会让自卑的孩子更加自卑，使自卑的孩子自我评价过低。长此以往，自卑的孩子就会形成人格上的缺陷，也会承受巨大的心理压力，导致未来的发展不能如愿。

看到这里，相信很多父母都已经知道了自信对孩子的重要作用，那么父母们就应该以身作则，帮助孩子形成自信，也让孩子的脸上始终挂着自信的微笑。具体来说，父母可以从哪些方面帮助孩子树立自信呢？

首先，要教会孩子正确认知自己，正确评价自己的优点和缺点。所谓金无足赤，人无完人，每个人都是既有优点也有缺点的。父母不要总是对孩子进行横向比较，把自己家孩子与别人家的孩子放在一起比较,而是要坚持对孩子进行纵向比较,也就是把孩子现在的表现与之前的表现比较,把孩子此刻的进步与之前的落后进行比较,这样才能够帮助孩子树立自信。即使意识到孩子在某些方面的确存在缺点和不足,父母也要激励孩子积极改进,并且多多鼓励孩子,给予孩子前进的动力,这样孩子才能够取长补短,扬长避短。

其次,父母要鼓励孩子多多结交朋友,要尊重孩子的朋友。每个人都是社会的一分子,每个人都不可能独立地存在于社会生活中。父母要认识到,孩子是需要结交朋友的。通常情况下,那些自卑的孩子都性格孤僻,很不合群,不喜欢与他人交往,常常一个人孤独地相处,沉浸在自己的世界里,这使他们孤独寂寞,也不能够得到朋友的帮助。而那些人缘好的孩子,他们有很多的朋友,在有需要的时候就能够从朋友那里得到帮助,当心情不好的时候,他们还可以和朋友倾诉,从而缓解内心的压力。因为经常和朋友相处,孩子的性格会越来越开朗,也会变得更加自信。

再次,要让孩子多多读书,有广阔的知识面,也可以带着孩子旅游,让孩子见多识广。现实生活中,细心的父母会发现,有的孩子很不喜欢说话,总是沉默着。在一些需要表达的场合里,他们也总是把自己隐藏在角落中,不愿意公开发表自

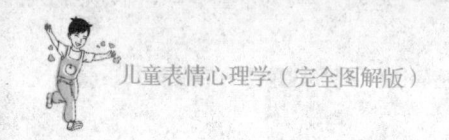

己的见解。而有一些孩子呢，他们的表现欲很强，而且他们说起话来头头是道，对于很多知识和内容都有涉猎。这主要是因为这些孩子的眼界非常开阔，知识面也很广，这与他们走南闯北、见多识广和博览群书的经历都是分不开的。父母要想丰富孩子的心灵，让孩子变得更加自信，就要带孩子去看更广阔的世界，也要让孩子通过书本与古今中外的伟人进行灵魂与灵魂的沟通。

最后，父母一定不要苛责孩子。很多父母对孩子的要求特别高，当发现孩子不管怎么努力都无法达到他们的要求时，他们马上就会非常生气，会在怒气的驱使下批评和苛责孩子。这是因为父母对孩子不理解，不包容，父母并没有无条件地接受孩子，而是在有条件地爱孩子。例如，有些父母要求孩子必须考试考到多少分才会为孩子做什么事情，有些父母要求孩子必须把家务做到多么完美的程度，否则就认为孩子是在添乱。这样的否定往往会给孩子的自信心以沉重的打击。父母要知道，孩子并不是天生就会做所有事情的，而父母本身也是在不断练习中才使能力得以增强的。父母与孩子之间，父母只有以正确的心态，无条件地接纳孩子，才能够以正确的方式去爱孩子，使孩子充满自信。

不要总是给孩子贴上负面标签

什么是负面标签呢？很多父母对此并不了解。而在现实生活中，他们却经常给孩子贴上负面标签。一个人如果不知道自己犯了什么错误，就不会去改正自己的错误。对于父母而言，如果并不知道负面标签是什么，而却又在不知不觉间给孩子贴上负面标签，那么可想而知会给孩子带来多么大的伤害。如果父母总是给孩子贴负面标签，就会影响孩子自我评价，使孩子距离自信越来越远，深陷入自卑的泥沼之中无法自拔。

要想让孩子的脸上洋溢着自信的微笑，父母就要给予孩子多多的认可和表扬，也要避免在孩子犯错误的时候对孩子过度苛责。当发现孩子具有某些方面的缺点和不足时，更不要给孩子贴上负面标签，只有做到这几点，父母才能成为基本合格的父母。

说起标签，其实大多数父母都看到过商品上的标签。通常情况下，商品上的标签能够标明商品的价格、质量、功能等。那么当父母给孩子贴上标签的时候，会使孩子形成怎样的自我认知呢？孩子小的时候并没有自我认知的能力，他们最信任和依赖的人是父母，这使他们对父母的评价看得非常重要，也常常会在无形之中就把父母的评价作为自我评价使用。由此可见，父母对孩子贴标签，给孩子所造成的恶劣影响是非常严重的。从心理学的角度来说，有一种效应叫作标签效应，意思就是说，孩子会根据父母给他们做出的总结和定论，做出自我印象管理，从而使自己的行为与父母对他们的定论相一致。这样一来，父母的标签对孩子的影响力就会更强大。如果父母给孩子贴上正面的标签，那么孩子会更加自信，也更愿意努力做到更好；如果父母给孩子贴上负面的标签，那么孩子就会形成错误的自我认知，自暴自弃，甚至破罐子破摔。

标签的威力是非常强大的，每个孩子的成长都与后天的环境密切相关，也受到环境中各种因素的影响。在现实生活中，太多的父母都在不知不觉间习惯了给孩子贴标签，孩子如果表现得非常好，他们就会将聪明、优秀、懂事、机灵等程式化的标签贴在孩子身上；孩子如果表现得不太好，不能让父母满意，父母就会将胆怯、害羞、暴躁、自卑、内向等程式化标签贴在孩子的身上。这些标签只是很宽泛的名词，也许会涵盖很多人的共同特点，但是却不适合用在单独的个体身上。

父母不管是表扬还是批评孩子，应该说得生动而又具体，这样才能够让孩子领会到父母的意思。新生命呱呱坠地时就像是一张白纸，没有任何内容，也没有任何色彩。父母给孩子贴上什么样的标签，孩子就会成为什么样的人，这一点是毋庸置疑的。所以父母一定不要给孩子贴上负面的标签，也不要用那些负面标签来伤害孩子。曾经有心理学家说过，孩子会成为父母所期望的样子，前提是父母要经常在孩子面前表述自己的希望。同样的道理，如果父母经常在孩子面前说起他们所讨厌的孩子具有的各种特征，那么孩子渐渐地就会加深对这些特征的印象，或者会远离这些特征，或者会形成这些特征，可想而知后者的结果就是孩子会成为父母所讨厌的样子。

为了避免糟糕的结果出现，父母不要总是在孩子面前说起孩子的不足，而是要经常像自己所期望的那样夸赞孩子，这样既可以避免给孩子贴标签，也可以对孩子起到强大的心理暗示作用，可谓一举两得。

当然，生活中不可能每个人都按照孩子所乐于接受的方式去表达，也不可能每个人都顾及孩子的心理感受。那么，当孩子一不小心被其他人贴上了负面标签之后，父母又应该怎么做才能消除这些负面标签对孩子的不良影响呢？父母要告诉孩子，很多事情都不是一成不变的，而是可以改变的。虽然标签是固化的，但是孩子的努力却使自身处于不断的变化之中，当变化朝着好的方向发展时，孩子也会变得越来越优秀。

当然，给孩子贴正面标签是需要技巧的。例如，孩子在做了一件好事的时候，父母不要空虚地夸赞孩子很棒、很优秀，

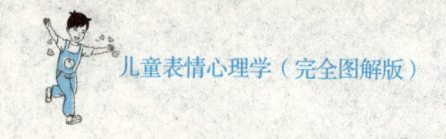

而是应该把孩子具体的行为说出来，赞美孩子具体的行为。此外，在赞美孩子的时候还要及时，在事情发生的当时就给予孩子大力的赞赏。这远远比孩子已经忘记发生了什么事情，父母再来表扬孩子的效果好得多。

表扬孩子的时候还应该适度。有些父母觉得表扬的作用是非常神奇的，因而在表扬孩子的时候往往会夸大事实，却不知在这样的过程中会让孩子变得非常虚荣，也会让孩子变得过度自负。只有适度地表扬孩子，让孩子认识到自身的优势和长处，让孩子知道自己的某些行为是非常好的，从而让孩子主动地去做得更好，这样的表扬才是更有意义的，而且效果也会非常显著。

总而言之，每个孩子都是命运赐予我们的天使，每一个孩子尽管在各个方面的能力不同，也未必会成为父母所期望的样子，但是他们都是最真实的自己。对于父母而言，养育孩子最大的成功不是把孩子变成教育流水线上的一个合格品，而是把孩子教育成他自己。孩子是独立的生命个体，是世界上独一无二的存在，有一个与众不同的孩子，才是最值得父母骄傲的事情。

第二章　积极表情解读：好父母造就孩子的正能量

南风效应：用爱包裹孩子

法国作家拉封丹曾经写了一则寓言故事，是关于南风与北风的，后来心理学家根据这则故事提出了南风效应。故事的内容如下。

在寒冷的冬天里，呼啸的北风来了，它想和南风比比谁的威力更大。北风说："我们就以谁能把行人身上的大衣脱掉为标准，判断谁的威力更大吧！"南风点点头，对此表示同意。就这样，北风和南风开始比赛。北风主动要求先发挥威力。只听见北风呼啸，呜呜地吹着，变得越来越刺骨，这个时候，路上的行人非但没有脱掉身上的大衣，反而把身上的大衣裹得更紧啦。随着北风把气温降得更低，人们还围上了围巾，戴上了帽子和手套。看着行人们一个个把自己包裹得严严实实，北风终于感到累了，它沮丧地对南风说："哎呀，人们怎么穿得越来越多了？我还是先休息一下吧！"

听了北方的话，南风说："好吧，你先休息休息，轮到我上场了！"说完这话，南风就刮到了行人的身上。南风非常温暖，不疾不徐地吹着，就像温柔的手在抚摸行人的脸。南风还把天上遮蔽天空的乌云全都吹散了，露出了太阳光。阳光照在行人的身上，行人感觉到非常温暖。走着走着，他们觉得身体越来越热，因而解开了大衣的扣子。又走着走着，他们觉得还是很热，所以取下了帽子和围巾。南风继续温柔地吹着，温度越来越高，行人们索性脱掉了大衣，穿上了轻便的春装。就这样，南风轻而易举地在与北风的竞赛中获得了成功，北风呢，输得心服口服！

这则故事告诉我们，很多时候，寒冷的威力虽然很大，但是温暖的威力却是更大的。在教育孩子方面，父母也应该坚持南风效应，不要总是对孩子声色俱厉，也不要总是居高临下地对孩子下命令，而是要用爱来包裹孩子，让孩子感受到温暖，这样孩子才会与父母更加亲近，也愿意听从父母的教诲。

教育孩子是一门很高深的学问，也是每一个父母毕生都要做好的伟大事业。教育孩子的目的是让孩子成人，而不仅是让孩子获得良好的学习成绩；教育孩子的目的是帮助孩子形成良好的性格，而不仅只是让孩子唯唯诺诺，对父母言听计从。如果教育的方式太过拙劣，就会伤害孩子稚嫩的心灵，也会让孩子的性格扭曲。有些孩子原本性格非常开朗，但是却因为受到了不良的家庭教育而变得压抑、沉闷。在这个过程之中，父母的作用是非常重要的，父母的责任也是不可推卸的。

每一个父母都望子成龙，望女成凤，迫不及待地希望孩子能够成人成才。因此，当孩子的表现不能够让父母满意时，父母往往会对孩子感到非常失望。有些父母对教育怀着急功近利的心态，他们会因此而打骂孩子，甚至会采取过激的方式惩罚孩子，也有一些父母会极尽言辞的犀利来挖苦、讽刺孩子。这些父母都忽略了一个事实，那就是孩子是独立的生命个体，并不从属于父母。此外，孩子的自尊心也是很强的，他们渴望得到父母的尊重和爱护，他们渴望得到父母的认可和赞赏。所以，父母不要总是盯着孩子的缺点和不足，持续地批评孩子，打压孩子的自信。如果想让孩子充满自信，情绪愉悦，就要多看到孩子的闪光点，这样才能激励孩子努力上进。

　　如果父母对孩子的教育非常冷漠，那么就会让孩子的内心变得冷冰冰的；如果父母对孩子的教育充满了爱，那么孩子的内心就会充满了人情味儿。古人云，人非圣贤，孰能无过。孩子在成长的过程中犯错误或者表现得不能让父母满意，这些都属于正常现象。父母要明白，犯错并不可怕，最重要的是要采取正确的态度来对待孩子的错误，也要给予孩子积极的引导，这样才能够激发孩子的上进心，让孩子主动自发地坚持，努力奋斗。

　　每一个孩子都渴望得到父母的认可和肯定，都渴望得到父母的支持和帮助。既然如此，父母就应该给孩子加薪，而不是应该给孩子灭火。也许有的父母会说，我家孩子根本没有优点，身上全是缺点，当父母这么说的时候，其实就意味着他（她）不是合格的父母。因为每个孩子都会有优点和缺点，既不可能浑身都是缺点，也不可能浑身都是优点。所以父母既要怀着客观的态度来看待孩子，也要以公正的态度来评价孩子。

那么，父母如何发挥南风效应，用爱包裹孩子，让孩子的情绪更加的愉悦，也让孩子拥有和善的表情呢？

首先，要多多认可和肯定孩子。父母都要有火眼金睛，才能够发掘出孩子身上的闪光点，也才能够看到孩子的进步。如果父母总是盯着孩子的缺点和不足，除了让孩子自卑、沮丧之外，没有任何好处。

其次，父母要学会和孩子说话。很多父母看到这个标题也许会觉得纳闷儿：我这么多年来一直在和孩子说话，难道我还不会和孩子说话吗？的确，父母是会说话的，但是父母能否把话说到孩子的心里去，让孩子愿意听，这可是一门艺术。父母只有了解孩子的内心，倾听孩子的心声，才能够走入孩子的内心世界，与孩子进行更好的沟通。

再次，父母要掌握批评的艺术。孩子一定会犯错误，这是成长过程中不可避免的。既然孩子注定会犯错误，那么父母要如何批评孩子呢？这是父母需要认真思考的。批评有很多种方式，直截了当的批评往往会损害孩子的自尊心，如果能够采取三明治（表扬—批评—表扬）批评法、欲扬先抑批评法等，则能够保护孩子的自尊，也能够让批评起到事半功倍的效果。

最后，要尊重和理解孩子，态度温和地对待孩子。一般情况下，孩子之所以表现得不能让父母满意，是因为他们的能力有限，也是因为他们不能够很好地控制自己。难道父母的高压政策就能增强孩子的自控力，也让孩子的能力得以快速提升吗？这当然是不可能的。既然对孩子发怒并不能改变任何事情，也不能解决任何问题，那么父母为何不控制好自己的怒气，和善地对待孩子呢？

当父母坚持以和善的态度去教育孩子，成为一个温和坚定的教育者，那么孩子的成长就会更加快速。世界上每个人都会犯错误，只是有人能够踩着错误的阶梯向上，而有人却在犯错误的地方摔倒之后就趴在地上，再也不爬起来了。我们要把孩子教育成前者，就要做好孩子的榜样，让孩子学会如何面对错误，改正错误。

当温暖的南风吹散了家中的阴霾，让孩子从彻骨的寒冷之中来到了阳光明媚的春天，孩子的脸上还会没有笑容绽放吗？他们的笑容一定会像鲜花那般美丽和娇艳。

第三章

消极表情解读：宝宝心里苦，你可知道吗

人们常常形容爱笑的人笑靥如花，实际上，鲜花并不会永远地绽放，笑容也不会永远停留在人的脸上。尤其是随着年龄的不断增长，孩子的烦恼会越来越多。他们不再是不识愁滋味的小孩子，而是会产生各种各样的负面情绪。在这种情况下，父母一定要及时捕捉孩子的消极表情，这样才能够找出孩子心情不佳的原因，也才能够及时地帮助孩子发泄不良情绪，帮助孩子保持情绪的平和，也让孩子的脸上始终绽放笑容。

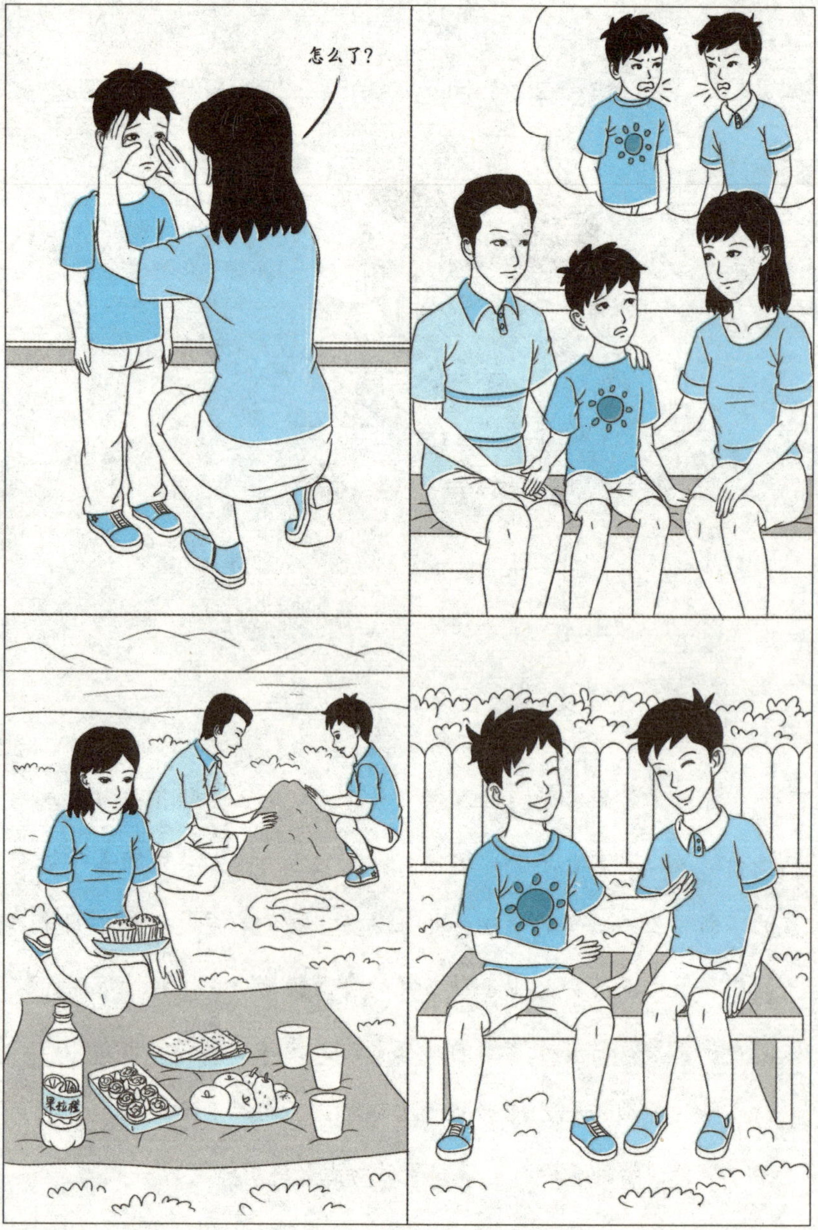
怎么了?
果粒橙

孩子为什么爱哭

孩子的表情与心情是密切相关的，可以说，哭泣是孩子悲伤的主要表情之一。然而对于孩子而言，哭泣未必都是在表达悲伤，也有可能是在表达其他的负面情绪，如恐惧、讨厌、愤怒等。

悲伤情绪最直接的反应就是哭泣。正是因为如此，很多孩子在感到不满或者心情烦躁的时候就会号啕大哭起来。例如一个蹒跚学步的小朋友不小心摔倒在地上，把手磕破了，他第一时间就会哭起来。他会闭上双眼，张大嘴巴，撕心裂肺地哭，甚至对父母的安慰和照顾都不理不睬。这种悲伤的情绪是比较浓重的，所以孩子才会大哭。

如果孩子并没有那么悲伤，那么他们只会小声地哭泣，也有可能只会愁眉苦脸而不会号啕大哭。通常情况下，孩子之所以哭泣，是因为他们有生理需求和心理需求要得到满足。那么，孩子们都有哪些生理需求和心理需求需要得到满足呢？

所谓生理需求，往往指的是吃喝拉撒，衣食住行。对于婴儿来说，他们还不会说话，无法用语言来表达自己的需求，所以不管有什么需求，他们都会以哭泣为唯一的语言与父母交

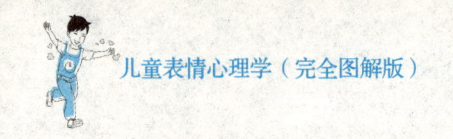

流。所谓的心理需求，指的是孩子在心理和情感方面的需求。通常情况下，孩子随着不断成长，心理需求也会越来越多。例如，孩子因为某些事情而感到恐惧，或者因为发生了某些事情而感到惊喜，也有可能因为遭到不公平的对待而心生愤怒。这些都属于孩子的心理需求范畴。

除此之外，如果孩子长期受到冷落，他们还会求关注，这也是孩子最重要的心理需求。有些孩子长年累月地和爷爷奶奶在一起生活，很少见到爸爸妈妈，那么他们就会非常思念爸爸妈妈，也希望能够和爸爸妈妈在一起生活。这同样属于孩子的心理需求，所以父母在看到孩子哭泣的时候，不要对孩子的哭声不以为然，没有任何反应，而是要知道孩子为什么哭泣，也要知道孩子哭泣背后隐藏的各种需求，这样对孩子的成长才会更有利。

当然，除了因为悲伤而哭泣之外，孩子还会因为一个非常重要的原因而陷入烦躁的状态之中，那就是身体不适。有一些孩子因为患上了各种疾病，所以身体会感到非常难受，他们就会发出或者尖锐短促或者持续时间比较长的哭泣。在身体特别难受的情况下，孩子们还会做出很多肢体动作，例如他们会挥舞着拳头，身体扭曲，或者是会使劲踢腿。在这种情况下，父母哪怕给予孩子安慰，给予孩子回应，或者是把孩子拥抱在怀里，也无法很快地让孩子安静下来。遇到这种情况，父母要考虑这是否是病理性的啼哭，及时带着孩子去寻求医生的帮助。

每一种情绪的产生一定都是有原因的，也会让孩子有不同的表情。哭闹是孩子表达不满的一种重要方式，当孩子哭闹的时候，父母要先尝试着安抚孩子。如果父母已经排除了很多原因，都不知道孩子为什么哭泣，那么就要考虑到病理性的原因。

对于孩子来说，最糟糕的情况莫过于自己哭得撕心裂肺，但是父母却根本不知道自己为什么哭，甚至还有可能会呵斥自己不要哭。哭泣是孩子的权利，可以帮助孩子发泄不良情绪，也可以帮助孩子缓解痛苦，所以在弄明白孩子到底为何哭泣之前，父母不要随随便便就对孩子表现出不耐烦。

孩子喜欢哭泣，虽然哭泣是孩子的重要的语言，但是如果父母能够把孩子照顾得很好，而且孩子也没有任何不满或者悲伤，孩子当然也不愿意哭泣。其实，很小的孩子就会开始笑，这是因为他们感到非常舒适，不管是在生理上还是在心理上都得到了满足，所以他们才会情绪愉悦，呈现出非常享受的表情。

孩子为什么愤怒

说起孩子的愤怒，很多父母的心中马上就会出现一种孩子的形象，那就是孩子瞪大眼睛，把嘴巴紧紧地抿起来，双手握紧了拳头，眼睛中似乎射出凶光，对着父母正在发狠呢！这就是很多孩子愤怒时的表情。那么愤怒是什么呢？为什么孩子会出现这样的表情呢？

从心理学的角度来说，如果孩子的需求和愿望不能得到满足，如果孩子觉得自己没有受到公正的对待，那么孩子在情绪上就会非常激动，而且会很紧张，心里感到特别不愉快。对孩子而言，这样的体验是很糟糕的。

也许有的父母会问孩子为什么会感到愤怒？在他们心中，孩子不需要为生计发愁，每天只是吃喝玩乐，孩子理应感到非常满足，而且情绪愉悦才对呀！的确，在父母眼中，孩子的生活是非常惬意和舒适的，但是对于孩子而言，这并不意味着他们会对一切都感到满意。有人说，愤怒是原始情绪，这是因为在诸多的基本情绪之中，愤怒出现得很早，而且出现的次数也非常频繁。如果认真统计，我们就会发现在一天之中我们会生几次气，如果生气到了一定的严重程度，就会变成愤怒。

很小的孩子就会产生愤怒的情绪，如婴儿想要吃奶却没有吃到奶，想要睡觉却因为周围的环境嘈杂而不能够睡觉，他就会感到非常的愤怒。他会拳打脚踢，把眼睛闭起来，嘴巴张得大大的，撕心裂肺地哭泣，把小脸涨得通红。在婴幼儿阶段，孩子之所以愤怒，往往是因为生理需求没有得到满足。随着不断成长，孩子在心理上的需求会越来越多，他们就会有更多的心理需求需要得到满足。所以对于大一些的孩子来说，他们之所以愤怒，更多地是因为心理需求。

既然孩子的愤怒是在表达心理需求，那么父母就要关注孩子的愤怒。除非父母确定孩子是以愤怒来要挟父母，否则切勿对孩子的愤怒视而不见。每一种情绪背后都一定是有原因的，愤怒还是一种比较激烈的情绪，父母就更是要引起重视。通常情况下，孩子愤怒的原因不外乎以下几种。

首先，孩子是有自尊心的，而且有些孩子的自尊心还很强烈。如果父母一不小心伤害了孩子的自尊心，就会使孩子陷入愤怒之中。例如，有些父母会当众批评孩子。虽然父母觉得孩子被父母批评是很正常的事情，但是孩子却因此而觉得丢脸，使得自尊心受挫，愤怒的情绪也就油然而生。此外，如果父母表现出不信任孩子、质疑孩子，那么孩子也会感到愤怒。

其次，有的父母在对孩子说话之后很快就抛之脑后，而孩子却因为父母不能够践行诺言非常生气，对父母的行为表示愤怒。要想避免这种情况出现，父母就要说到做到，就要信守诺言。对于那些自己有可能没有办法实现的事情，不要对孩子轻易许诺，可以等到事到临头的时候给孩子一个惊喜，这样反而

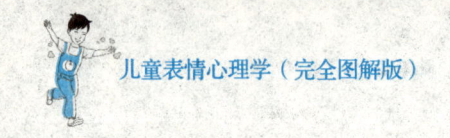

能让孩子感到快乐。

很多事情在父母眼中都是不值一提的，但是在孩子眼里，这些事情却是非常重要的。例如爸爸答应带孩子去游乐场玩，却因为工作原因临时出差，对孩子食言，并没有带孩子去游乐场。事后爸爸虽然有了时间，也没有对孩子进行弥补，那么孩子就会愤怒地指责爸爸是个骗子。虽然爸爸并不认可孩子对自己的评价，但是在孩子心目中，在短暂的时期里，他们对爸爸的评价就是如此。父母要想维持在孩子心目中的权威形象，就一定要说到做到，履行诺言。

再次，如果孩子身体不适或者是生理需求没有得到满足，他们也会因此而感到愤怒。他们之所以愤怒，是因为他们想以这样的方式吸引父母的关注，让父母意识到他们在某些方面有需求。在这种情况下，父母不要因为孩子愤怒就对孩子不耐烦，也不要因为孩子愤怒就指责孩子。父母要知道，孩子在愤怒的背后隐藏着怎样深层次的心理原因，才能够及时给予孩子回应和帮助。例如孩子非常疲惫，他很想得到父母温暖的怀抱；孩子非常孤独，他想让父母陪着他一起玩；孩子感到肚子饿了，很想赶快吃到美味的食物。

最后，很多孩子愤怒的原因是父母没有耐心倾听孩子的表达，他们总是先入为主，用自己的思想去揣度孩子，实际上对于孩子而言，这样的对待是非常糟糕的。因为随着不断成长，孩子渐渐有了主见，他们希望有自己的选择空间，也希望自己能做得更好。在这样的情况下，他们又要如何向父母表达需求呢？如果不能得到想要的对待，他们就会产生愤怒的情绪。

有一些孩子在愤怒的时候会做出一些过激的举动，往往会激怒父母。那么，父母先不要急于批评孩子，也不要急于惩罚孩子，而是要知道孩子这么做是为了什么。如果父母能及时回应孩子，接纳孩子的情绪，也能帮助孩子积极地解决问题，那么孩子说不定就不会做出这么过激的举动。父母要让孩子知道他的很多需求是不合理的，所以不能完全满足孩子的需求。这样的拒绝是非常明确的，可以有效地避免孩子下次再提出过度的要求，对于孩子的教育也会起到良好的效果。如果孩子歇斯底里地大发脾气，那么父母切勿在此时间点上满足孩子的需求，否则孩子就会以发脾气来要挟父母。

不管孩子为何而愤怒，父母都要知道，孩子需要父母的帮助。尤其是对于那些年幼的孩子来说，他们更是离不开父母的关怀和照顾。所以父母要读懂孩子在愤怒背后隐藏的心理和生理原因，才能够及时关注和满足孩子。对于孩子而言，如果他们愤怒的因素都被消除了，那么他们当然会变得更加快乐，他们的表情也会由此而发生很大的变化。

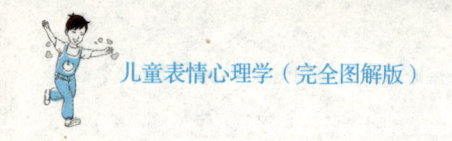

孩子为什么恐惧

父母都想不明白孩子为什么会感到恐惧。对于有些事情，父母认为是不值得恐惧的，但是孩子却大惊小怪，而且表现出很强烈的恐惧，这到底是为什么呢？

父母往往以自己丰富的人生经验来看待孩子所面临的问题，这是非常主观的。父母要想理解孩子为什么会感到恐惧，就应该放下自己成人的身份，蹲下来从孩子的视角看待这个世界，设身处地地理解孩子的情绪和感受，这样才能够与孩子之间有更好的互动，也才能理解孩子内心真实的情况，给予孩子更好的帮助。

举个最简单的例子来说，很多父母对于孩子打防疫针这件事情都认为是理所当然的，但是孩子打防疫针的时候会非常害怕，有一些孩子甚至会非常恐惧，因此而做出一些激烈的反抗举动。他们会不停地扭动身体，甚至会夺取医生手中的针，这是非常危险的举动。父母如果按捺不住，就会因此而打骂孩子，呵斥孩子，甚至会惩罚孩子。当父母做出这些过激的举动时，孩子的恐惧就会更深。

有人说，恐惧是原始情绪，其实这是因为恐惧是人的本能。从有人类开始，恐惧就与人如影随形。孩子之所以恐惧打针，是因为打针很疼，父母如果不能够理解孩子的恐惧，不妨想一想自己在像孩子这么大的时候，对于打针又是怎样的感受呢？如果你想起来自己为了逃避打针，从家里跑了出去，躲藏在菜地里，那么你就会理解现在的孩子虽然这么恐惧却没有逃跑，该是多么勇敢和坚强啊！

孩子对打针的恐惧来自他们已有的经验。有一些新生儿的父母会发现，第一次带孩子去打防疫针，孩子在针头已经扎进肌肉之后并没有哭，他们都不知道自己正在经历什么，而等到针头已经拔出去之后，他们才感受到疼痛哭了起来。在前几次去打防疫针的时候，他们并不知道害怕，而等到去了防疫站几次之后，一看见穿白衣服的医生，他们就会感到很害怕，这是因为他们已经知道了他们即将面对什么。

在生理学上，这也叫习得性恐惧，指的是因为固有的经验而产生恐惧。还有一种恐惧的产生不是因为已经知道，而是因为毫无所知，这是因为对未来的不确定性而产生的恐惧。孩子的人生经验有限，对于很多人和事，他们都还没有经历过。

举个简单的例子来说，作为成人，如果从来没有进行过极限运动，例如蹦极跳伞等，那么当需要做这些事情的时候，他们一定会特别恐惧，甚至会觉得自己的生命面临危险。这样的恐惧会让人做出一些无法预测的举动，对孩子来说同样如此。

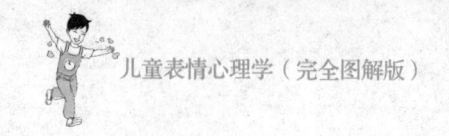

只不过孩子没有经历的事情更多,他们不仅没有经历过蹦极跳伞,也没有经历过从很高的滑梯上滑下来,更没有经历过在夜晚的时候独自面对黑暗。这正是孩子常常会被恐惧所困扰的原因。

由此可见,虽然人们常说无知者无畏,但有时无知也会让人感到害怕,这是因为人们对于不确定的一切都会有失去把控的感觉。具体来说,当孩子因为各种原因而感到恐惧的时候,父母应该怎么做呢?

如果孩子是因为未知而感到恐惧,那么父母可以让孩子去更多的地方,见更多的人,从而开阔孩子的眼界,增长孩子的见识,这样孩子就不会因为很多普通的事物而感到恐惧。如果孩子因为已经了解了某些事情会引起的后果而感到恐惧,那么父母可以告诉孩子,这些事情是必须去做的,引导孩子勇敢地面对。例如打防疫针,如果孩子因为打防疫针而恐惧,那么父母不要告诉孩子可以不打防疫针,这会让孩子产生更强的逃避心理,而是要很平和地告诉孩子,每个小朋友都要打防疫针,打防疫针可以保护人体健康,使人体不受病毒的侵害。不要担心孩子听不懂这样简单明了的叙述,孩子其实是可以听懂的。在此过程中,父母要保持情绪的平和,也要保持自己的语调很友善。否则父母如果情绪失控,就会让孩子加重自己的恐惧心理。

还有一些孩子之所以恐惧,是因为他们第一次做很多事情，没有经验。例如，孩子第一次独立入睡，孩子第一次独自去上课，他们的内心一定都会有小小的恐惧。父母要给予孩子很大的支持，也可以给予孩子适度的陪伴，但是不要一直代替孩子去做这些事情，毕竟孩子要长大，离开父母的保护，独立完成很多事情。与其让孩子在猝不及防的时候被逼着学会做这些事情，还不如未雨绸缪，尽早培养和锻炼孩子的独立能力，这样孩子才能快乐成长。

不管父母多么面面俱到，孩子在成长的过程中一定会感到恐惧。当孩子被恐惧袭击的时候，父母不要指责孩子胆小，也不要对孩子的恐惧不以为然，而是要及时地给予孩子安抚。例如，父母可以把孩子拥抱在怀里，摸索着孩子的头，也可以用语言告诉孩子一些事物的现象是怎么样的。父母还可以拉着孩子的手，或者只是以鼓励的眼神看着孩子。这些肢体动作都非常简单，但是却能够给孩子带来极大的安慰，帮助孩子战胜恐惧心理，获得安全感。

孩子为什么害羞

默默从小就非常害羞，他很胆小，也不喜欢说话。每到逢年过节的时候，爸爸妈妈带着默默去走亲访友，默默从来不像其他小朋友那样兴高采烈，在离开家门之前，他就非常发愁，总是问爸爸妈妈："我能不能不去呀？"爸爸妈妈当然要带着默默一起去，因为他们知道默默有些害羞，所以想锻炼默默的胆量，让默默变得更大方。

到了亲朋好友家里之后，默默总是躲在爸爸妈妈的身后，不敢和他们打招呼。有的时候，爸爸妈妈会提醒默默要称呼亲朋好友，默默也只是以蚊子哼哼的声音小声地说一句，声音低得连他自己都听不见自己在说什么。看到默默的表现这么害羞，爸爸妈妈感到很无奈。

上学之后，默默在班级里也非常沉默内向。他从来不敢回答老师的问题，即使被老师提问，也总是站在那里一声不吭。有的时候，默默憋得满脸通红，眼泪都憋出来了，也不能当着全班同学的面说话。后来，老师把默默的这个行为向爸爸妈妈反映了，爸爸妈妈对此也感到很无奈。实际上，默默自己内心也觉得很痛苦，他也很想和其他同学在一起玩儿，也很想在课堂上声音响亮地回答问题，但他总觉得自己学习成绩不好，而且长得又不漂亮，所以担心自己被同学和老师嫌弃。就这样，在小学低年级阶段，大家都玩得不亦乐乎，每天上学都开开心心的，只有默默一个人独来独往，成为了班级里的独行侠。

默默这是典型的社交恐惧表现，他是一个非常内向的孩子，所以不太喜欢与人交往，又因为小时候很少与人互动，所以他的社交恐惧表现得越来越明显。从心理学的角度来说，羞怯是一种情绪，羞怯的本质是因为不自信而引发的社交退缩。很多人都会感到害羞，只是每个人害羞的程度不同，每个人被害羞的情绪影响的时间长短也不同。有一些人只是年纪小的时候会比较害羞，随着渐渐长大，见识了更多的人，看过了更多的景色，他们见多识广，也就不再害羞了。但是有一些人害羞表现却会持续很长的时间，甚至在长大成人之后也依然会非常害羞，这样就形成了非常典型的社交恐惧症。

当发现孩子的害羞表现超出了正常的行为范畴之后，父母要对此引起重视，要知道孩子为何会感到害羞，也要能够引导孩子渐渐地克服害羞的心理。当父母坚持这么去做，孩子就能够避免形成社交恐惧症。

孩子害羞的表现形式是多种多样的。有的孩子不喜欢当着众人的面说话；有的孩子不喜欢去人多的地方；有的孩子甚至不愿意和同龄人交往；有的孩子总是要在别人的陪伴下才能做一些事情；有的孩子最怕见到陌生人；有的孩子即使在熟悉的人群里也不愿意说话，而常常躲在角落低着头红着脸；有的孩子不愿意出现在公共的场合。这些都是孩子害羞的社交表现。

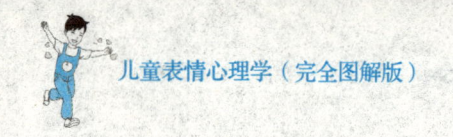

那么，父母要如何帮助孩子，改变这种害羞的状态，让孩子不再因为害羞而影响成长和发展呢？

首先，父母要为孩子营造民主和谐的家庭氛围。很多父母在家里都会搞一言堂，不管做什么事情，都由自己说了算。哪怕孩子有自己的思想或者是看法，父母也会给予孩子打击和否定。渐渐地，孩子失去了信心，也失去了勇气。他们在家庭生活中都没有得到父母的关注，也不曾得到父母的认可，那么在外界的社会生活中，又如何能够充满自信呢？所以父母要改变这种一言堂的家庭教育方式，遇到事情要多多地征求孩子的意见。如果孩子提出的意见是非常中肯的，父母要尊重孩子的意见，或者采纳孩子的意见，让孩子发现自己的言行得到了父母的重视，而且自己提出的意见也被父母采纳了。这样一来，孩子就会越来越自信，这对于帮助孩子克服羞怯的心理是非常有帮助的。

其次，当孩子出现害羞情绪的时候，父母要多多鼓励孩子。每一个孩子都需要父母的鼓励，也可以说，父母的鼓励是孩子成长过程中最重要的养分，这是因为孩子非常信任父母，他们对父母的每句话都看得非常重。那么当孩子遭遇失败和挫折的时候，父母切勿劈头盖脸地数落孩子，更不要否定孩子，也不要给孩子贴上负面标签。每个孩子在成长过程中都会犯各种各样的错误，这是因为孩子的能力有限，社会经验也很少，所以父母不要因此而批评孩子，而是要多多鼓励孩子，这能够让孩子鼓起勇气面对挫折，也能够让孩子增强信心，再次去尝试。在如此坚持的过程之中，孩子的内心会变得越来越强大。

再次，父母还要鼓励孩子结交更多朋友。大多数害羞的孩子都有社交恐惧的倾向，那么如果孩子能够战胜害羞，他们就会感受到和朋友在一起玩耍的快乐。父母要给孩子创造一些机会，让孩子与人交往。例如带着孩子走亲访友，也可以邀请很多亲友来到家里玩耍。当孩子习惯于在人群之中从容地表现自己，当孩子习惯于和很多人相处，那么他们害羞的表现就会大大好转。尤其是在一些非常有趣的活动中，孩子全身心地投入活动之中，感受到活动的乐趣，他们的情绪就会越来越高涨，他们的自信心也会越来越强，这些转变对于摆脱害羞都是非常有帮助的。

最后，父母也要给孩子做好榜样。有些父母本身离群索居，不太喜欢与人交往，采取封闭自己的态度，过好自己的小日子。长此以往就会对孩子形成负面的影响，使孩子同样不喜欢与人交往，这当然是不好的成长习惯。为了让孩子更加乐观开朗，战胜羞怯的情绪，父母应该及时地改变自己的社交行为，更真诚地去面对他人，也更主动地与他人展开交往。当整个家庭都以一种非常积极的状态对待外界的人和事，那么孩子也会怀着积极的态度去迎接他人，拥抱世界。

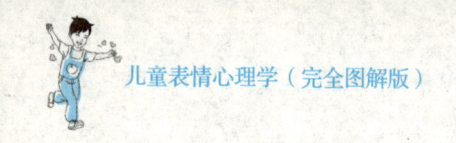

教会孩子排解负面情绪

在生活的过程中，一定会有各种各样的情绪发生，有些情绪是积极乐观的，会带给我们愉悦的感受，让我们呈现出非常和善的表情，但是有一些情绪却是消极悲观的，会带给我们沉闷压抑的感受，让我们呈现出压抑苦闷的表情。那么，如何才能排解这些消极的情绪，从而保持表情的愉悦友善呢？这就需要父母多多帮助孩子，引导孩子学会发泄不良情绪，也要引导孩子学会调整心态，接纳很多事情的发生。

每当生活中遇到不开心的事情时，孩子的情绪就很容易波动。孩子原本对于情绪的控制能力就比较差，所以他们就更容易出现情绪大起大落的情况，也许前一刻还在因为一件高兴的事情而开心不已，后一刻就因为那些伤心的事情而陷入沮丧、绝望、悲伤、愤怒等消极情绪之中。有些孩子的年龄比较小，他们并不能够运用语言来表达自己的情绪，又因为他们对于情绪的认知也不足，所以父母就要认真地观察孩子的情绪，也要及时捕捉孩子的表情释放出的不良信号，从而帮助孩子发泄不良情绪。

很多父母都觉得孩子还小，有吃有喝，衣食无忧，所以没有那些糟糕的情绪，这是对于孩子生活的误解，也是因为不了解孩子的身心特点所导致的认识误区。父母一定要真正走入孩子的内心，才能够了解孩子的喜怒哀乐，也才能够对孩子的情绪感同身受。如今，大多数孩子都承受着很重的学习负担，也不得不为了在学习上有更出色的表现而努力。尤其是在校园生活中，孩子不像在家庭生活中那样可以得到父母和长辈无微不至的照顾，而是要学会与老师和同学相处，又常常因为性格等原因与同学之间发生矛盾，这些都会使孩子的情绪出现波动，使孩子陷入各种负面的情绪之中。

对于这些负面情绪，不同的孩子有不同的性格，所以他们的应对方式也是不同的。有些孩子的性格比较爽直，他们会直接把这些不快说出来，却在无意之间就得罪了老师和同学。也有一些孩子性格比较内向，他们会选择忍耐，把这些糟糕的情绪都压抑在心底，但是日久天长，这些负面情绪累积起来，难免会导致情绪喷发，甚至会使孩子做出一些过激的举动。显而易见，不管是直接发作还是长期压抑，都不是处理和消除负面情绪的好方式。那么，父母应该如何帮助孩子，才能够让孩子以正确的方式来发泄负面情绪，也让孩子调节好自己的情绪状态，更加快乐地成长呢？

首先，父母在日常生活中要多多关心孩子，要知道孩子是会产生各种负面情绪的，也要能够捕捉孩子的负面情绪。有些孩子情绪变化的速度非常快，他们的负面情绪也许转瞬即逝。

例如，孩子在从幼儿园放学的时候还郁郁寡欢，但是转眼之间，因为遇到了一个好朋友，就很开心地和好朋友一起玩了起来。如果父母不能够捕捉到孩子的情绪变化，没有及时询问孩子在幼儿园有什么不开心的事情，那么孩子就会把此前的不快抛之脑后，这样一来，父母还如何引导孩子消除负面情绪呢？

其次，父母要教会孩子以正确的方式来宣泄不良情绪。不管是把情绪压抑在心底，还是把情绪直接发泄出来，都不是很好的方式。其实，发泄不良情绪有很多积极的方法，例如孩子喜欢画画，那么可以把不开心的事情画在纸上，就像成人写日记一样，在日记中倾诉之后，孩子的情绪也就消除了大半，这对于及时帮助孩子消除情绪是很有效果的。如果孩子喜欢运动，那么父母可以带着孩子去郊游，或者和孩子一起爬山，还可以和孩子一起踢足球，这样的运动能够帮助孩子发泄情绪，也可以帮助孩子缓解压力。当然，采取怎样的方式来帮助孩子消除情绪要根据孩子自身的喜好来决定，也有的孩子喜欢看电影，那么父母可以陪着孩子去看电影，有的孩子是不折不扣的小吃货，喜欢吃美食，父母还可以请孩子吃他爱吃的食物。不管是哪种方式，只要不危害孩子的身心健康，又能够起到帮助孩子宣泄不良情绪的效果，就是值得提倡和使用的。

父母切勿觉得情绪对孩子的影响不大，其实情绪不管是对成人还是对孩子的影响都是很大的。在心理学领域，有一个奇妙的社会现象，被称为霍桑效应，它还有另一个名称叫作宣泄效应。这个效应告诉我们，负面情绪的宣泄对人的影响有多大。

在美国西部，有一家电器公司的分厂叫霍桑工厂。一直以来，霍桑工厂的工作效率都很低，因此厂里的领导们想方设法地提高员工的工作效率，例如给员工增加福利，提升薪资，提供更多的假期，但是效果都不明显。如何才能够有效地提升工作效率呢？厂里的领导在经过一番考虑之后，决定邀请一些心理学专家研究厂子里效率低下的情况，从而从心理学方面进行突破。

有一个心理学团队进驻了霍桑工厂，他们要进行谈话实验。所谓谈话实验其实很简单，就是由这些心理学家和厂子里的工人们进行交流，在交流的过程中，心理学专家们会认真倾听工人对厂方的意见和不满，并且还会用随身携带的笔和本子，把工人们所有的不满意见全都认真详细地记录下来。即使工人们的不满意见并不合理，心理学专家也并不训斥和反驳工人，而是会对他们的不满表示认可。这个实验进行了长达两年的时间，在整个实验进行的过程中，心理学专家与工人们进行了2万多次交谈。这是一个非常惊人的数字，这意味着心理学专家每天都会与工人们交谈几十次。有的工人不仅和心理学专家

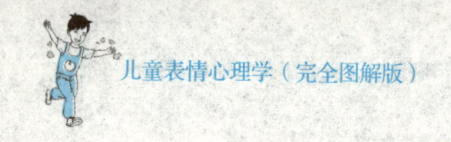

交谈一次，而是与心理学专家交谈了很多次。让人惊讶的是，虽然这只是一个谈话实验，虽然谈话实验只进行了谈话，并且在谈话的过程中只进行了记录，而并没有进行任何实际性的改善，但是事实却证明，谈话实验在两年的时间里非常有效地提升了霍桑工厂的工作效率，使得工厂获得了更好的效益。

工厂里的领导给了工人很多实质性的好处，也没有调动工人的工作热情，更没有提升工人的工作效率，为何心理学专家在与工人进行谈话之后，就能够让工人有更好的工作表现呢？这是因为在谈话的过程中，工人们肆无忌惮地发泄了自己的不良情绪，也及时地消除了自己心中的不满，这使得他们的心中从来不会堆积负面情绪，也使得他们的情绪能够保持愉悦，所以他们的工作效率才会越来越高。

看到这里，相信父母们一定会恍然大悟：原来，宣泄消极情绪有这么重要的作用呀！那么从现在开始，再也不要对孩子的负面情绪视而不见了，当发现孩子的情绪不佳或者是意识到孩子有一些心事的时候，父母一定要第一时间就询问孩子发生了什么事情，也要成为孩子最好的倾听者，听孩子倾诉心声，这样孩子才能及时消除心中的负面情绪，也能保持情绪的愉悦，从而让自己始终保持和善的面部表情。

第四章
要想洞察孩子内心，关注孩子坐卧立行

孩子的表情是非常丰富的，不仅包括孩子的面部表情、肢体语言，还包括孩子的语言声调。尤其是孩子的肢体语言，如坐卧立行，更能够表现出孩子真实的心理反应。很多人也都会通过孩子的坐卧立行来判断孩子的性格，形成对孩子的印象。所以父母应该通过孩子的坐卧立行来解读孩子的行为，也挖掘孩子的行为背后隐藏的真实心理，这样才能够更加深入地了解孩子，也能及时采取一定的措施，引导和帮助孩子。

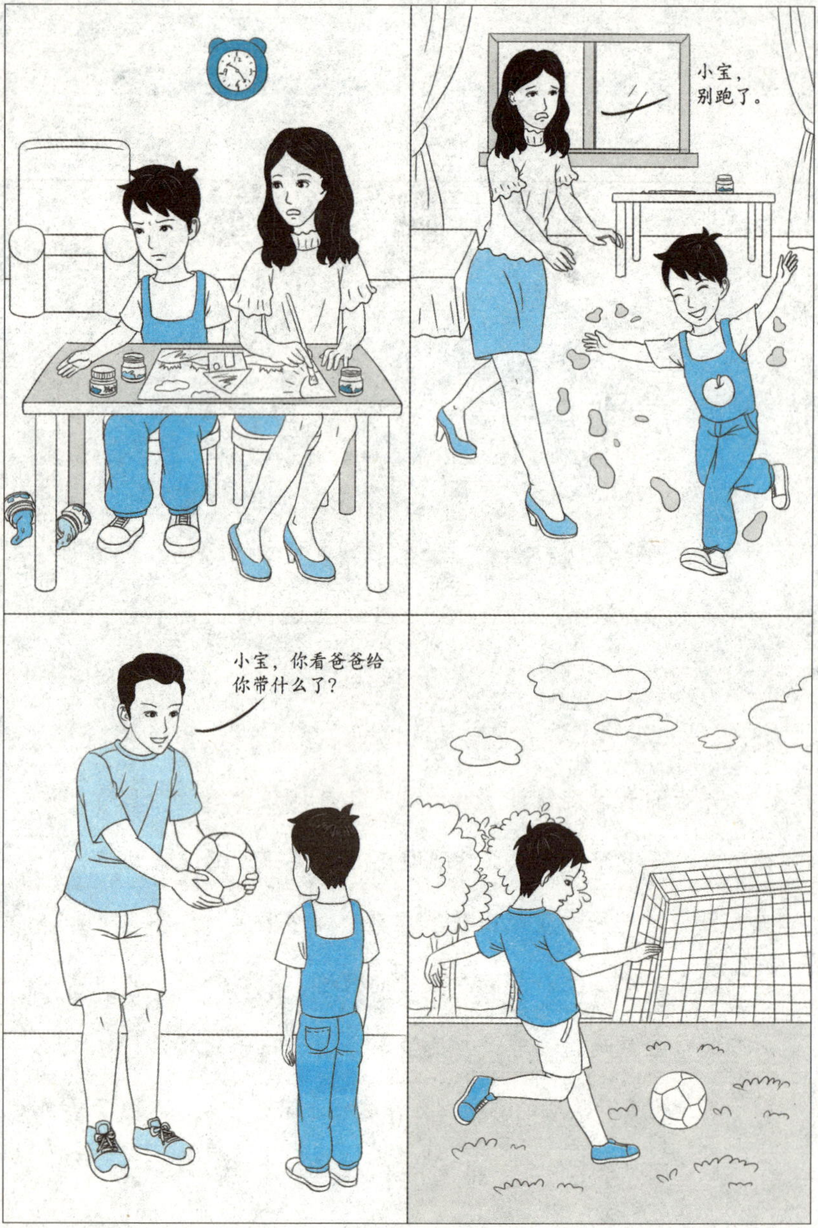
小宝，
别跑了。
小宝，你看爸爸给
你带什么了？

行走敏感期，爱踩不平路

甜甜两岁了。最近，妈妈发现原本乖巧可爱的甜甜变得顽皮起来。昨天晚上下了一场大雨，小区的路面上坑坑洼洼的都是积水，早晨出门的时候地面还很湿，积水也没有消退，妈妈特意叮嘱甜甜走路的时候要走干净的地方，走高的地方，这样鞋子就不会被水弄湿了。

让妈妈没想到的是，妈妈的叮嘱不但没有起到应有的作用，还起到了相反的作用。甜甜趁着妈妈不注意，蹦蹦跳跳地就想往水坑里走，她还很兴奋地使劲跺脚，结果水不仅弄湿了她的鞋子，还把她的裤脚也浸湿了。妈妈懊恼地说："我们可是要去学校呀，你的鞋子、裤子湿了，你一天都要穿着湿漉漉的鞋子、裤子，那可是很难受的。现在已经到了进校园的时间了，如果回家去换衣服，你就会迟到，会被老师批评。你还要走水洼处吗？我抱着你走，好不好？"

甜甜仿佛没有听见妈妈的话，继续蹦蹦跳跳地往前走着。眼看着前面有一个很大的水坑，甜甜居然两脚都蹦得高高的，跳入水坑里，这下子把妈妈的身上也溅得湿漉漉的。妈妈生气

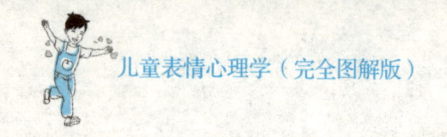

地训斥甜甜："你这个孩子怎么回事？越不让你踩水，你越是要踩水，不但溅湿了自己的衣服，还溅湿了我的衣服。好啦，现在也别去上幼儿园啦，咱们俩都需要回家换衣服！"妈妈生气地领着甜甜回家，一边走一边给老师打电话请假，说甜甜会晚半个小时到学校。

甜甜为何故意跟妈妈对着干呢？她不知道水坑里有很多水会把她的鞋子和裤子打湿吗？甜甜已经两岁啦，她当然知道踩水会把衣服弄湿，但是这不能够阻挡她对水的喜爱。孩子天生就喜欢水，看到水就觉得很亲切，尤其是对于两岁的甜甜来说，正处于行走敏感期。在这个时期里，孩子对于走路非常感兴趣，甚至不愿意让父母抱着，而只是想要自己走路，可以说他们是把走路当成兴趣爱好，所以才会对走路怀有这么大的热情。

在这个事例中，妈妈想抱起甜甜走过那些坑坑洼洼的地方，想带着甜甜快一点到学校去，但是甜甜却装作没有听见，不愿意回应妈妈。有的时候，父母会觉得孩子走得比较慢，因而想抱起孩子快速地走，这样能够节省时间。但是孩子可不觉得自己慢呀，他们只喜欢自己走路。当孩子的行走能力得到提升之后，他们就不仅满足于走在平地上，还喜欢走在高高低低、坑坑洼洼的地方，有些孩子还会特别喜欢走上坡路、下坡路，喜欢爬楼梯，喜欢走在水洼里。在这个时间段，孩子仿佛是最不知疲倦的，他们会抓住一切机会，利用所有时间练习走路。实际上，这并不是孩子顽皮淘气，而是孩子正在探索腿和脚的功能。经历了这个时期之后，孩子渐渐地就不会再那么热衷于走高低不平的路了。

很多细心的父母也会发现，孩子特别喜欢走楼梯，而且很迷恋走楼梯。例如有些孩子明明有电梯可以乘坐，却偏偏要走楼梯，这是为什么呢？是因为处于敏感期的孩子都很想用脚来探索和感知空间，这是他们把握空间的一种方式。他们喜欢感受自己的脚在所有空间里都自由活动的这种感觉，而且他们希望以这样的方式来挖掘双脚的潜能，这一点对孩子的身心健康是非常有益处的，可以增强孩子动作的协调性，也可以让孩子在练习行走的过程中渐渐地形成自信，也变得越来越独立。独立的行走意味着孩子可以到达更广阔的地方，也意味着孩子可以掌控自己的身体，去自己想去的地方，这对于孩子而言当然具有非常重要的意义。

处于行走敏感期的孩子不喜欢走平路，喜欢走高低不平、坑坑洼洼的地方；处于行走敏感期的孩子，不喜欢被父母抱着，只喜欢自己走路；处于行走敏感期的孩子不喜欢被妈妈牵手，这是因为与妈妈牵手会限制他们的行动自由，他们更喜欢独自走路去自己想去的地方；处于敏感期的孩子还很喜欢爬楼梯，他们会手脚并用地上下楼梯；处于行走敏感期的孩子不喜欢走那些干燥的地方，而是喜欢在水洼里蹦蹦跳跳，这既满足了他们行走的欲望，也能够让他们与雨水更加亲近。父母可不要觉得这种行为会把孩子弄得很脏，而是要看到孩子在这么做的过程中获得的成长。很多孩子在行走敏感期都会做出这些行为，那么父母要了解孩子的行走敏感期，才能够对孩子的这些表现完全接受。如果父母在无意之中破坏或者是阻碍了孩子在行走敏感期的正常发展，那么孩子的行走敏感期就会延迟到两岁半，甚至是到三岁多才会出现。父母要知道，只有给予孩子自由的空间去探索自己的双脚和双腿，孩子才能够顺利地度过行走敏感期。

孩子处于行走敏感期，很热衷于走路，所以常常会摔倒。每当这个时候，父母切勿紧张忙乱地去扶起孩子，而是要观察孩子是否受伤。如果孩子没有受伤，那么应该让孩子自己爬起来继续走，切勿因为孩子摔倒了，就限制孩子继续练习走路，这会打消孩子走路的积极性，也会限制孩子行走能力的发展。父母非但不要限制孩子的行走，还要创造更多的机会让孩子行走，并且为孩子提供行走的空间。例如在和孩子一起走路的时候，父母可以让孩子在更安全的地方行走，例如没有车辆、环境清幽的公园里，还可以让孩子走在前面在自己的视野内，从而随时保证孩子的安全。这些行为都能够帮助孩子度过行走敏感期，如果孩子能够得到有利的条件练习行走，那么行走敏感期很快就会结束。

很多父母都会有这样的感受，就是在一岁前后，孩子刚刚学会走路的时候，特别喜欢独自走路，也不喜欢让别人抱，但是在到了两岁前后，孩子却突然变得懒惰了。他们不愿意再独自行走，动辄就会让爸爸妈妈抱，让爷爷奶奶抱，这就意味着孩子的行走敏感期结束了。孩子的行走敏感期就是如此短暂，父母一定要抓住这个时期，培养孩子独立行走的能力，也要给孩子创造更好的条件，让孩子自由地探索空间。这样的教养方式才能促进孩子身心健康地发展，对孩子的成长是极其有利的。

用挺直的身体表示反抗

父母在给几个月的婴儿把尿的时候，会有一个奇怪的发现，那就是孩子如果有尿就会尿出来，如果孩子不想尿尿的话，他们就会把身体挺得很直，从而表现出他们的极其不乐意，表现出他们对父母的抗拒。有的时候，父母认为孩子饿

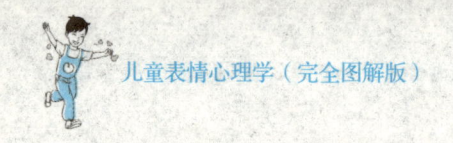

了，想要给孩子喂奶，孩子也会把身体挺得很直，以此来证明自己的肚子一点都不饿，根本不想吃奶。孩子为什么喜欢这样挺直身体呢？

实际上，挺直身体是一种肢体语言，很多孩子都会用这个动作来表达自己的反抗之意。父母如果不了解孩子的这个动作，那么孩子不想尿尿，父母非要坚持给孩子把尿，孩子就会非常生气；孩子不想喝奶，父母却坚持要给孩子喝奶，甚至会让孩子挺直的身体再次坐好，再次给孩子喂奶，这会让孩子感到更加愤怒。

在中国的传统中，很多父母都会进入一个教育的误区，那就是总是把自己认为好的一切都给孩子，而忽略了孩子自身的需求。例如关于给孩子把尿这件事情，很多人都有不同的意见，有人认为应该从很早的时候就开始培养孩子的把尿习惯，而有一些人却认为应该让孩子自由成长，而不要强求孩子尿尿。有一些坚持母乳喂养的人习惯于按需喂养，而有一些人却认为要定时定点喂养。对于教育方面，这些分歧一直以来都是存在的，我们无法明确到底谁对谁错，但是有一点毋庸置疑，那就是当孩子挺直身体的时候，我们应该尊重孩子的意见，而不要过于强求孩子。

还是以孩子把尿为事例来进行分析。很多孩子之所以挺直身体，就是为了反抗尿尿，那么应该从什么时候开始对宝宝进行把尿的训练呢？至少要满足以下三个方面的条件，父母才能够开始对孩子进行把尿的训练，否则就为时尚早。

首先，在两岁之前，婴幼儿并不能够做到大小便自理。实际上，两岁之前的婴幼儿之所以进行大小便，是出于生理方面的条件反射。直到两岁前后，他们才能够产生排泄的需要，也有排泄的感觉。而且两岁多的孩子已经具备了语言表达能力，也有很强的动作表达能力，或者他们还可以以其他的方式来把自己想要排泄的感觉告诉父母，这是对孩子进行把尿训练的第一个条件。由此可见，对于年幼的孩子强行把尿，对于孩子的身心发展并不利。

其次，婴儿时期，孩子的神经发育不够完善，只是依靠膀胱反射的信号来决定自己是否大小便。很多父母都会有一种奇怪的经验，那就是在为孩子把尿的时候，孩子把身体绷得直直的，看起来根本不愿意撒尿，但是才把孩子放下去没多久，孩子就尿在裤子上或者尿在床上了，这是为什么呢？这是因为孩子在被把尿的时候并没有接收到膀胱反射的排尿信号，而在很短的时间里又接收到了这种信号，所以就尿了。由此可见，要想对孩子进行把尿训练，孩子必须能够做到在短时间内控制尿道和肛门的肌肉运动，这样他们才能够在父母给他们把尿的时

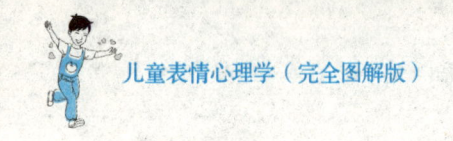

候主动排尿。孩子是无法控制生理性的条件反射的，这也使他们在被把尿的时候并不能够如父母所愿地尿出来。

最后，孩子应该具备一定的能力，知道父母希望他们能够定时定点地排泄。在现实生活中，很多父母都会与孩子之间形成拉锯战，而拉锯战的目的就是让孩子定时定点的排尿。孩子不想小便就挺直身体，但是父母却希望孩子在这个时候一定要尿出来，结果孩子就把身体挺得更直，最终孩子和父母都非常疲惫。最终，孩子并没有尿，反而尿到了裤子里，这是让人很沮丧的一件事情。

实际上，孩子应该顺应自然地排尿。当他们想尿尿的时候，他们自然就会尿尿；当他们不想尿尿的时候，父母即使强迫他们，他们也未必会尿尿。有些孩子的逆反心理非常强，他们还会几次三番地挺直身体，与父母抗争。这样一来，孩子的心里就会感到非常不愉快，甚至还会因此与父母之间发生矛盾。尤其是在夜晚，有一些父母因为担心孩子尿床，所以会在孩子睡到半夜的时候给孩子把尿。这不但会中断孩子的睡眠，而且对孩子的生长发育也是极其不利的。父母可以给孩子穿上尿不湿，让孩子整晚享受完整的睡眠，等到孩子再大一些时，再教会孩子自主排尿，这岂不是很好吗？

科学研究证明，在一岁半到两岁之间，是训练孩子排尿的好时机。在这个年龄段，孩子在生理上、心理上的发育都越来越成熟，也形成了一定的自控认识，所以对孩子进行排尿训练会取得更好的效果。

当然，要想让排尿训练进行得更加顺利，父母就要认真仔细地观察孩子，以火眼金睛准确地解读孩子的行为举止，从而确定孩子是否真的已经有了尿意。

每个孩子在尿意到来的时候，表现都是不同的。例如，有的孩子在有尿意的时候会情不自禁地打一个寒战，有的孩子在玩得正高兴的时候感受到尿意，就会突然站着不动，这说明他正在酝酿排尿。看到这孩子有了这样的行为表现，父母要第一时间就给孩子把尿，这个时候孩子会非常配合地尿尿。经过多次的练习之后，他就知道了自己在想尿尿的时候应该怎么办，从而使得排尿训练取得事半功倍的效果。

当然，除了用挺直的身体来反抗排尿之外，孩子还会用挺直的身体来反抗其他事情。例如，父母带着孩子去打防疫针，孩子不想打防疫针又不敢逃跑，那么在父母的怀抱里，他们就会挺直身体。总而言之，挺直的身体意味着孩子的反抗，父母在看到孩子做出这种肢体动作的时候，要对孩子的心态有更深的了解，也要及时采取措施安抚孩子的情绪，更好地引导孩子。

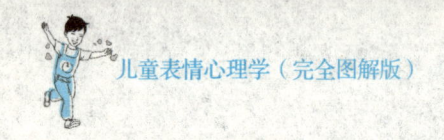

用跺脚表示强烈不满

每当孩子闹脾气的时候，父母往往感到非常抓狂，因为他们不知道如何安抚孩子的情绪，也不知道如何让孩子恢复平静。看着歇斯底里的孩子，父母似乎认为只有找到根本的原因才能够解决问题，也有一些父母根本不询问孩子为何生气，而一厢情愿地认为孩子只是在无理取闹，是在任性胡闹，因而对孩子采取不理不睬的态度。父母想用这种冷处理的方式，让孩子平息心中的怒火，实际上，如果不知道孩子生气的根源就盲目地采取措施，非但不能够让孩子平息怒火，还有可能激发孩子更大的愤怒。前文说过，愤怒有可能是孩子在寻求关注，那么在这种情况下，如果父母却对孩子视若无睹，听若未闻，孩子肯定会更加生气。父母要想平息孩子的心情，就应该了解孩子的想法，满足孩子的需求。由此可见，追根求源是前提条件，然后再有的放矢地采取措施，才能达到预期的效果。

每个孩子的脾气秉性是不同的。有的孩子性格相对内敛，在遇到不高兴的事情时，他们会把情绪压抑在心里。往往需要父母询问，他们才会表达。但是有些孩子的情绪相对暴躁，他们平日里习惯了被父母满足所有的需求和欲望，所以一旦感到不满意，就会非常生气。而有的时候，他们还会采取各种方式来发泄心中的不满。例如，孩子在特别生气的时候会使劲地在地上跺脚。在极端生气的情况下，他们甚至会躺在地上哇哇大哭，胡乱打滚。看着孩子这样的行为，父母或者会表示妥协，或者是更加生气，甚至还会打骂孩子。不得不说，父母情绪的失控对孩子而言就是一场噩梦。不管孩子因为情绪激动做出怎样的举动，父母都不要情绪失控，而是要以理性的态度面对孩子，给予孩子更多的帮助。

尤其是对于一岁多的孩子来说，父母的愤怒除了给他们心中留下阴影，让他们感到恐惧之外，并不能够让他们主动反思自己的错误行为，改正错误。所以父母不要因为情绪失控对孩子造成伤害。一岁多的孩子尽管在身体和智力方面都有了很大的发展，但是他们的语言表达能力还是相对比较差的，他们是典型的心里明，即心里知道很多事情。但是并不能够用语言流畅地表达出来，这使他们在因为不满或者是愤怒而做出肢体动作的时候，会通过跺脚的方式来发泄自己的愤恨。

那么，父母在看到孩子做出跺脚或者是就地打滚等行为时，就要知道孩子的愤怒已经达到了一定的程度，也要做好准备迎接孩子的情绪风暴。当然，父母最主要的准备就是要能够控制好自己的情绪，对孩子保持淡定平和，也始终坚持理智地对待孩子。

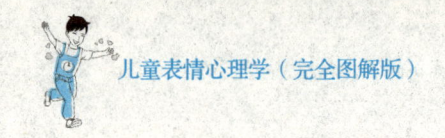

那么孩子为何会喜欢跺脚呢？这其实是因为他们的心智发育超过了语言发育，也可以说他们的语言发育落后于心智发育，所以他们不能用语言来表达自己的诉求，内心非常着急，而父母又不能够理解他们的意思，他们就会又气又急，典型的表现就是跺脚。

还有一些孩子会向着玩具跺脚，这又是为什么呢？对于一岁多的孩子来说，他们还不能够把人和物明显地区分开来，也不能够把自己与外部世界区分开来。当看到某个玩具不能够如他们所愿地进行活动，或者是满足他们的需求时，他们很生气，就会跺脚。也有一些孩子会因为自身的能力有限，在反复尝试之后都不能做好一件事情，因而感到气急败坏，就用跺脚的方式来发泄自己的烦躁情绪。在这种情况下，父母可以给予孩子一定的帮助，例如孩子玩串珠游戏，把线从珠子中间的孔洞里穿过去，但是却尝试了很多次都不能够获得成功。这个时候，父母可以帮助孩子保持手部的稳定，或者可以帮助孩子拿着珠子让孩子来穿，这些帮助都能够让孩子尽快地完成动作，也可以让孩子获得小小的成就感。

当然，孩子被过于激烈的情绪所驱使并不是一件好事情，所以当发现孩子跺脚的时候，父母应该根据孩子的性格特点，采取有效的方法来帮助孩子缓和情绪，或者辅助孩子完成某种

第四章 要想洞察孩子内心，关注孩子坐卧立行

任务，或者有限度地满足孩子的需求。这样一来，孩子就能够尽快地控制好情绪。举例而言，如果孩子的需求是合理的，父母却不满足孩子的需求，那么孩子就会气急败坏。当发现孩子跺脚表达不满的时候，父母应该满足孩子的需求。如果孩子的需求是不合理的，但是他却坚决要求父母满足他的需求，那么父母就要坚持原则和底线，切勿因为孩子跺脚或者是就地打滚儿就被孩子要挟，否则孩子就会以跺脚、就地打滚等方式为要挟手段，常常对父母提出一些过度的、不合理的要求。

从情绪的角度来看，当孩子跺脚或者就地打滚儿的时候，他一定处于烦躁的情绪之中。在这种情况下，父母可以把孩子从他原本所处的环境中带离，或者是吸引孩子的注意力，把孩子的注意力转移到其他的事情上。例如，孩子原本在玩串珠游戏，因为感到挫败而跺脚，那么父母或者帮助孩子完成串珠游戏，或者可以给孩子讲故事，和孩子一起绘画，带孩子涂鸦等，这些都是很好的方式，能够有效地转移孩子的注意力，从而帮助孩子在短时间内恢复情绪。等到孩子情绪恢复之后，父母还可以给孩子讲一些道理，告诉孩子遇到失败没关系，要继续努力尝试才能够做得更好。

总而言之，当孩子发出强烈不满的信号时，父母切勿对此视若无睹。父母只有更好地帮助和引导孩子，才能够让孩子得

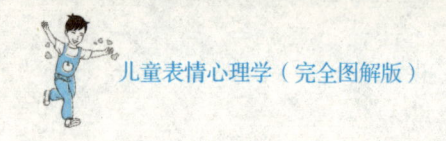

到满足。如果孩子的需求并不合理,那么父母也可以给孩子讲道理,或者采取其他的方式先帮助孩子恢复情绪,再对孩子进行引导,这也是非常好的选择。

在日常生活中,为了帮助孩子更好地控制情绪,父母也要做好孩子的榜样。有一些父母本身是容易情绪激动的,在冲动的情绪之下,他们会做出一些过激的举动。为了避免对孩子造成负面影响,父母不要当着孩子的面这么做,而是要给孩子做出积极的榜样,例如遇到事情的时候保持情绪的淡定平和,积极地想办法解决问题。虽然这样的做法并不会马上改变孩子,但是只要父母坚持这么去做,就会对孩子形成潜移默化的影响,相信孩子随着不断的成长,自控能力越来越强,就不会再以跺脚这种方式来表达自己的无奈和愤怒了。

坐不住的孩子都是多动症吗

孩子生性好动。很多父母发现孩子很好动之后,就会担心孩子是否患上了儿童多动症。实际上,好动的孩子未必是患上了儿童多动症,很多孩子都身心健康,所以他们的精力往往会过剩,这使他们在生活中会做更多的动作和举动来发泄多余的精力。此外，孩子的好奇心是非常强的，他们觉得世界上的很多事情、很多人都特别的新鲜，不管看到什么新鲜的玩意儿，他们都想上去亲手触摸，进行更深入的了解。有一些孩子简直就是活动版的10万个为什么，他们不管看到什么都会提出一系列问题，常常把父母难住。这都是孩子探索自然的表现，也是孩子对生命充满好奇的表现。这种好动与多动症之间有着本质的区别，父母切勿把这种健康正常的好动与多动症联系起来。

前文我们说过，不要给孩子贴上负面标签。随随便便就给孩子冠以多动症的称号，显然对孩子是极其不公平的。只有专业的医学人士才能够判断孩子是否患了多动症，作为普通的父母，我们应该相信孩子只是正常的好动，从而对孩子加以引导，帮助孩子有更好的成长表现。

作为一名二年级的小学生，妍妍非常好动。她从小就是一个精力非常充沛的小丫头，别的小姑娘都弱柳扶风、弱不禁风，她却像男孩儿一样上蹿下跳，就像一个活猴子，每天除了睡觉的时候，没有一刻是能够保持安静的。在家里，她总是跳来跳去，一会儿爬到柜子上看一看，一会儿钻到床底下找一找，一会儿把玩具都拆开了，一会儿又把玩具组装起来的。有的时候，她因为过于贪玩还会闯祸，例如把妈妈的花瓶砸碎了，把妈妈的香水弄洒了，把家里的水龙头弄坏了。总而言之，妈妈对妍妍非常头疼，常常问妍妍："你到底是个丫头还是个小子呢？你上辈子肯定是个猴子吧！"

在学校里，妍妍也很难坐得住。上课四十五分钟，大多数同学都坐得板板正正，但是妍妍却如坐针毡。她只能坐五分钟左右，过了五分钟，她就开始动来动去，屁股在板凳上扭来扭去，仿佛板凳上有针在刺她的屁股一样。有的时候，老师正在讲台上讲课呢，她就会和同桌小声说话，为此不知道被老师批评了多少次。每当下课铃声响起来的时候，老师还没来得及说下课，妍妍就仿佛出了笼子的鸟儿一样飞出了教室，在操场上跑来跑去，似乎这是她渴盼已久的事情。妍妍为何这么好动呢？妈妈以为妍妍有多动症，就带着妍妍去医院里看医生。医生经过一番检查之后，对妈妈说："这个孩子不但没有多动症，而且身体非常健康。你看，她虽然是女生，但是长得很强壮，这说明她的精力很旺盛。我建议您平时可以带她多多进行一些体力活动，这样就可以发泄多余的精力，她在家里就不会胡乱折腾了，晚上睡觉也能睡得更香甜。"听了医生的话，妈妈这才放心下来。

好动与多动有着本质的区别，那么好动与多动的不同到底在哪里呢？首先，好动与多动的专注力是不同的。很多患有多动症的小孩儿都不能专注地做任何事情，这是因为他们很容易受到外界环境的干扰，注意力往往会分散。即使是做那些自己非常喜欢的事情，他们也会被外界的干扰因素所干扰，很快就会丢下这些事情，又去做其他事情，所以最后他们把所有的事情都做得半途而废。而好动的孩子则不同，好动的孩子虽然也常常会有注意力不集中的表现，但是他们在做那些自己感兴趣的事情时，却非常专注，而且在很长的时间里都保持专心致志，把事情做得非常好。这是好动的孩子，与多动症的孩子在专注力方面的明显不同。

其次，好动的孩子与多动症的孩子在自制力方面也有明显的不同。大多数好动的孩子只是在家里、学校里等这些场合表现得非常好动，如果去了陌生的场合，或者是一些比较重要、比较庄严的场合里，他们往往能够区分出场合，使自己保持安静。在这种场合里，他们对于父母的管教也非常配合，会主动控制好自己的行为，让自己表现得更好。但是多动症的孩子可不会区分场合呀！他们非常冲动，情绪反复无常，即使是在那些庄重严肃的场合里，他们也会做出不合适的举动。当父母管教他们的时候，他们还会听若未闻，或者故意与父母作对。总

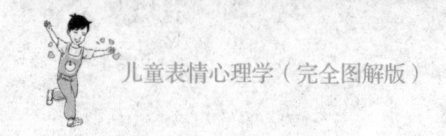

而言之，多动症的孩子会让父母感到非常头疼，然而，好动的孩子在特殊的场合里却会给父母很大的惊喜。

最后，好动和多动症发生的年龄不同。正常的孩子在幼儿时期往往都有好动的倾向，他们一刻也闲不下来，每时每刻都在动来动去。但是随着年龄的增长，他们好动的现象会得到好转，甚至在长到一定年龄之后，他们好动的现象就完全没有了。他们会非常专注，甚至变得很安静。但是对于多动症儿童来说，在婴幼儿时期、童年时期、青年时期，他们的好动症状都是一样的，并不会因为年龄的增长而好转。这使得好动与多动的孩子之间的区别越来越大，因而父母无须着急地给好动的孩子冠以多动症的名号，而是可以给孩子更多的耐心，观察孩子在成长之后的表现，这样就能将好动的孩子与多动症的孩子完全区别开来。

对于那些坐不住的孩子，父母不要阻止孩子动来动去。有些父母总是担心孩子会因为多动而受到伤害，实际上孩子之所以愿意多动，是因为他们有这方面的需求。如果父母强行禁止孩子动来动去，就会对孩子的心理发展造成一定的影响。当然，如果父母担心孩子的安全问题，那么可以陪伴在孩子身边，保证孩子的安全。有一些好动的孩子之所以好动，是因为他们想要吸引父母的注意力，尤其是那些平日里工作比较忙、

第四章　要想洞察孩子内心，关注孩子坐卧立行

很少陪伴孩子的父母，为了满足孩子这种心理需求，可以多多陪伴孩子，和孩子一起做游戏，和孩子一起读书画画，这样就能够让孩子得到关注，孩子也就不会再以好动的方式来吸引父母的关注了。

俗话说，没有规矩，不成方圆。孩子固然好动，却也要学会遵守规矩。在家庭生活中，父母既要给孩子自由，让孩子有空间动来动去，也要对孩子进行一些约束，帮助孩子制定规矩，确立孩子的行为边界。尤其是对于三岁以上的孩子来说，他们已经具备了思考的能力，也具备了判断的能力，所以父母要告诉他们在哪些场合里不能做哪些事情，有哪些行为是值得提倡的，这样孩子的行为就会越来越规范。

第五章

不可忽视的肢体动作，表露孩子的真心

儿童的表情包括很多方面的内容，肢体动作也是儿童表情的重要内容，这是因为孩子的肢体动作往往是无意做出来的，尤其是那些细小的肢体动作，更是能够表达孩子的内心。父母要善于捕捉孩子的肢体动作，通过观察和分析孩子的肢体动作来洞察孩子的内心世界，了解孩子的情绪和心理，这样就能够进一步增进亲子关系，加深亲子感情，使亲子之间的相处更加愉快。

是我的！ 是我的！

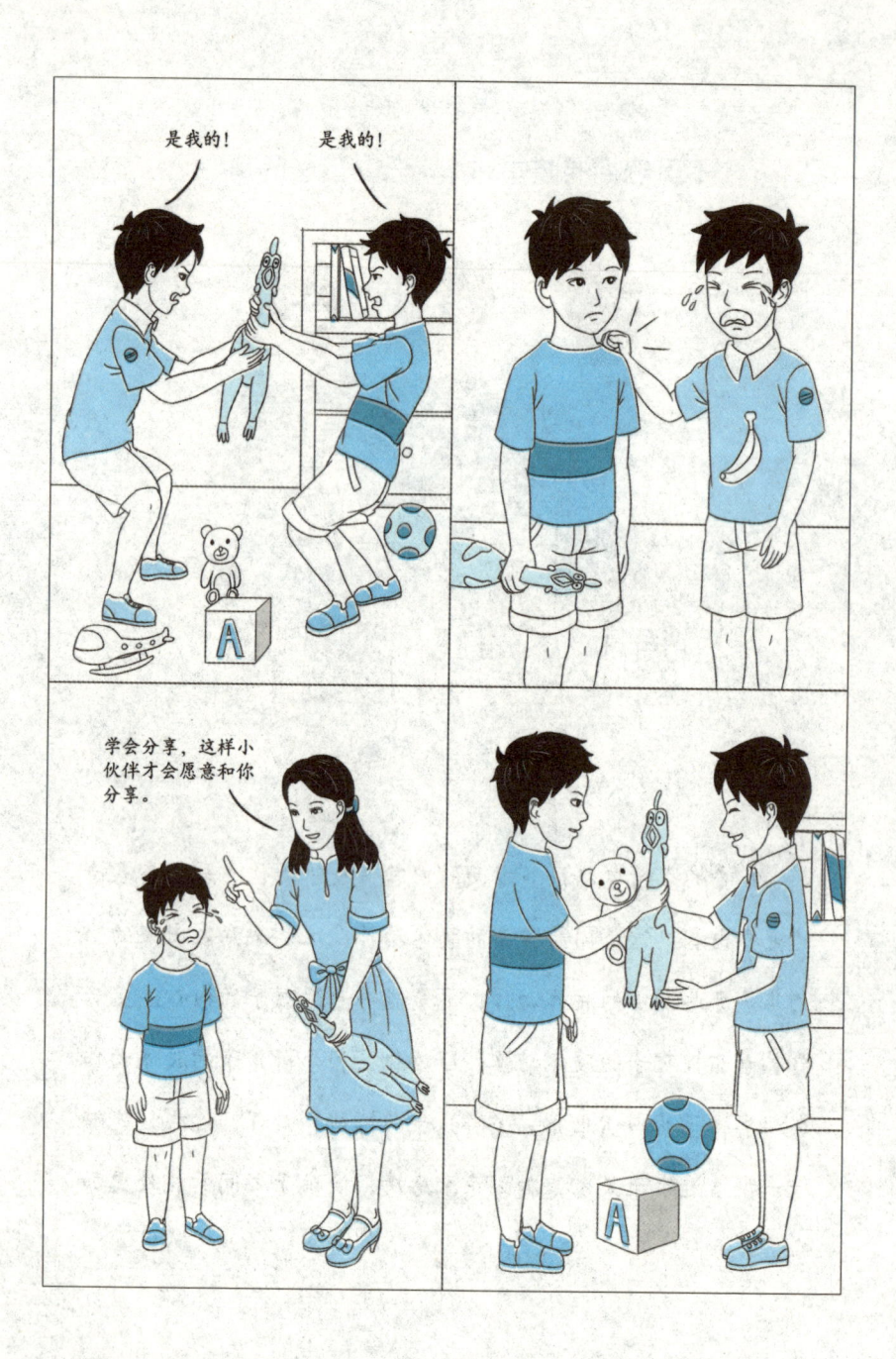

学会分享，这样小伙伴才会愿意和你分享。

孩子厌食，是因为叛逆

两岁的晨晨就像一棵瘦瘦的豆芽菜，身体很细弱，顶着一个大大的脑袋，尤其是脖子更是非常细，这使妈妈常常担心他的脖子是否能支撑住大大的头。晨晨为什么这么瘦呢？原来，他不喜欢吃饭。

有一天中午，妈妈做了晨晨最喜欢吃的蜂蜜烤鸡翅，喊晨晨过来吃饭。但是晨晨正在玩自己的毛绒玩具呢！妈妈呼唤了晨晨好几声，晨晨都装作没听见，甚至连头都不回，都不看妈妈一眼。妈妈看到晨晨这样，只好端起碗一勺一勺地追着晨晨喂饭。但是晨晨一边玩毛绒玩具，一边吃饭才吃了几口就感到厌烦了，他闭上嘴巴不想再吃饭，妈妈还是想要多喂晨晨几口，晨晨情绪冲动地一抬手，把妈妈的饭碗打翻了，饭全都洒在地上。晨晨并没有为此而感到愧疚，而是生气地对妈妈喊道："我不想吃饭！不想吃饭！"

妈妈对于晨晨吃饭可是一点脾气都没有，她只好把地上弄脏的饭菜丢进垃圾桶里，去厨房里重新盛了一碗饭，又开始哄着晨晨吃饭。晨晨刚开始的时候乖乖地又吃了几口饭，但是后来他的嘴巴越张越小，从每次一口饭吃一勺，到每次一口饭只吃半勺，再到每次吃一口吐一口。妈妈用了半个小时的时间才喂晨晨吃了很少的饭，看着晨晨瘦弱的样子，妈妈非常担心：这个孩子为什么不喜欢吃饭呢？

　　大多数父母都认为吃饭是孩子成长过程中的头等大事，甚至比睡觉更重要。遗憾的是，很多孩子都不喜欢吃饭。他们只顾着贪玩，或者一边看电视一边吃饭，或者一边玩玩具一边吃饭，有的时候一顿饭吃了大半个小时，也没吃下去几口。在这样的情况下，他们怎么可能长得高大强壮呢？看着孩子因为不能够得到充足的营养，身材矮小，体型瘦弱，父母往往会感到非常心疼，生怕孩子因为营养不良而影响成长发育。那么，父母应该知道孩子为何不喜欢吃饭，这样才能够有的放矢地解决问题。如果只是这样追着孩子喂饭，那么一日三餐就会成为家庭生活的老大难，负责喂饭的妈妈也往往会感到心力憔悴。

　　对于两三岁的孩子而言，他们之所以不吃饭，是因为他们玩心很重，不愿意放下手中正在玩的玩具，想把吃饭也当成一种游戏。所以他们在吃饭的过程中往往会跟父母对抗，甚至还会抬手打翻父母拿着的饭碗，他们并不觉得自己是在犯错误，而认为这很有趣。有的父母已经习惯了给孩子喂饭，却不知道对于两三岁的孩子来说，他们很想自己吃饭。因为孩子的能力已经得到了增长，他们可以独立地用汤勺来吃饭，但是父母却从来不给他们这样的机会。看到孩子来夺自己手中的汤勺，父母还往往会禁止孩子，不让孩子触碰汤勺，而是心甘情愿地继续给孩子喂饭。在这样的情况下，孩子的愿望得不到满足，就会对父母产生抗拒心理，就会打翻父母的饭碗，或者是闭上嘴巴不愿意吃饭。如果父母不知道孩子真实的心理原因，自然会抱怨孩子不愿意乖乖吃饭。

不管孩子因为什么原因不喜欢吃饭，父母们都不能够任由孩子不吃饭，而是会追着孩子喂饭。如果父母总是这样追着孩子喂饭，让孩子感受不到饥饿，孩子又怎么会知道吃饭是很重要的呢？很多孩子都不知道吃饭与满足生理需求的关系是非常密切的，他们从来没有因为不吃饭而挨过饿，所以就不知道不吃饭会带来的后果。俗话说，不到长城心不死，父母应该让孩子知道不吃饭的后果，才能够让孩子知道吃饭的重要性。例如，孩子这一顿不想吃饭，那么父母要告诉孩子，过了饭点就不许再吃饭，即使很饿，也要等到晚上才能再吃晚饭。这样等到了晚上吃饭的时候，父母就会有一个惊喜，会发现孩子不需要父母再追着喂饭，就会抱着饭碗狼吞虎咽。如此几次三番，孩子当然会知道吃饭很重要，他们也会知道过了吃饭的时间就

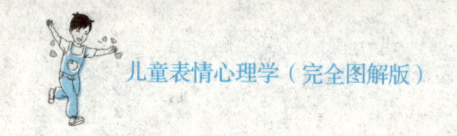

没有饭吃了,必须在吃饭的时候就把饭吃完。有了这样的思想认识之后,孩子吃饭的表现会越来越好。

父母还要为孩子养成良好的吃饭习惯。有些孩子喜欢一边看电视一边吃饭,这不但会损害孩子的视力,对孩子的消化功能也会产生不好的影响,最重要的是会使孩子养成不良的饮食习惯。吃饭就是吃饭,不要让孩子边吃边玩,也不要让孩子边看电视边吃饭。当孩子吃饱之后,父母也不要给孩子喂食过量的食物。孩子吃得太饱会影响消化功能,也会导致胃部生火,所以对孩子的身体健康来说反而是不利的。在吃饭的时候,全家人都应该围绕在餐桌旁专心致志地吃饭,这能够给孩子树立良好的榜样,也营造良好的就餐环境。不要让孩子和大人错开时间吃饭,也不要给孩子准备单独的吃饭地点。全家人坐在一起吃饭是更香的,如果孩子胃口不好,看到大家都吃得很香,孩子也会吃得很好。

有一些父母并不擅长烹饪,他们做出来的食物没有色香味俱全,而且也不能引起孩子的兴趣。在这种情况下,父母要判断孩子是因为讨厌食物的气味,还是讨厌食物的颜色和形状才不愿意吃饭。必要的时候,父母可以学习一些烹饪的方式,为孩子做美观健康的营养餐,如今有很多好用的厨房工具,可以把食材加工成各种各样的形状,也有很多方便菜谱,能够做出美味的食物。这都能够激发孩子的食欲，让孩子更愿意吃饭。

现实生活中，大多数孩子不喜欢吃饭，是因为他们已经吃饱了零食。在家庭生活中，父母一定不要放纵孩子吃零食，也不要当着孩子的面吃很多零食，否则会给孩子树立糟糕的榜样。让孩子吃一日三餐，在正餐之间，可以给孩子加一些蔬菜和奶制品，这样就可以保证孩子的营养摄入。孩子的胃是很小的，如果孩子养成了爱吃零食的坏习惯，那么孩子就没有欲望吃饭了。

为了让孩子愿意吃饭，父母还可以和孩子一起做饭。孩子很喜欢动手，但是平日里，很多父母都不让孩子参与做饭，一则是怕孩子伤到自己，二则是怕孩子浪费食材。实际上，和孩子一起做饭何尝不是对孩子的陪伴呢？甚至对于孩子而言，做饭还是一种很有趣的活动呢，让孩子参与做饭的过程中，孩子会获得成就感，他们会觉得自己也做了这顿饭。对于自己做出的美味食物，他们当然会吃得更香。总而言之，孩子不爱吃饭有各种方面的原因，往往与他们的叛逆心理密切相关。父母要透过孩子厌食的行为表现看到孩子的逆反心理，从而才能有效地引导孩子爱上吃饭。

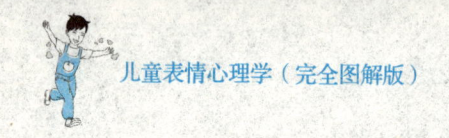

孩子为何乱丢东西

多多十个月了。最近这段时间,奶奶发现多多变得越来越顽皮,拿着玩具的时候总是喜欢扔到地上。奶奶帮她捡回来,她又马上扔到地上。她并不热衷于玩玩具,而更热衷于把玩具扔来扔去,都快扔坏了。她不管拿到什么玩具,都会往地上扔。有一次,她拿着妈妈的眼镜,也趁着妈妈还没注意扔到地上,结果把妈妈的眼镜摔坏了。

妈妈批评多多,多多虽然听不懂妈妈的话,但是看到妈妈表情严肃,听到妈妈声音严厉,吓得撅着小嘴,嘴巴一撇,就要哭了。看到多多委屈的样子,妈妈觉得很心疼,这个时候奶奶赶紧过来打圆场,说:"孩子过了这个阶段就好了,不就一个眼镜么,再去配吧!十个月的孩子又不懂事儿,你批评她干什么呢?"听到奶奶的话,妈妈觉得很有道理,马上又去配眼镜。这一次,她非常小心地防范多多,生怕眼镜再被多多扔到地上。

看到多多这么喜欢玩扔东西的游戏,妈妈买了一些不怕碰撞的玩具给多多玩。每天下班回到家里,妈妈就是多多的专业捡玩具者。多多不停地扔玩具,妈妈不停地捡玩具,这个简单的动作已经重复了几百次,但是多多还是玩得不亦乐乎。看到多多这样的表现，妈妈感到非常纳闷：多多为何这么喜欢扔东西呢？

十个月左右的孩子渐渐形成了自我意识，他们开始把自己与外部的世界区分开来，他想要证明自己与外部世界是不同的，所以就通过扔东西这种举动来证明自己的存在。在扔东西的过程中，东西会落到不同的地方，发出不同的声音，不同的材质的东西落在地上的声音也是不同的，很多父母为此而觉得孩子非常顽皮和淘气，实际上这是对孩子的误解。对于孩子而言，扔东西这种重复的动作可不枯燥乏味啊，反而非常有趣，他们正是通过这种方式来探索世界的。

如果父母非常仔细地观察，捕捉到孩子第一次扔东西的表情，那么就会发现孩子非常兴奋。他们看到自己能够把东西扔出去，觉得自己非常了不起，因而在发现自己具有这个本领之后，他们就会反复地把手里的东西扔出去，想要以此得到父母的关注，也想听到父母对他们的夸赞。与此同时，孩子扔东西也是在进行自我学习。他们在扔东西的过程中会倾听东西落地的声音，也会观察东西下落的运动轨迹。渐渐地，他们还会发现不同的东西落在地上的声音是不同的，或者东西扔得远近所发出的声音也是不同的。虽然对父母来说这是一个微不足道的

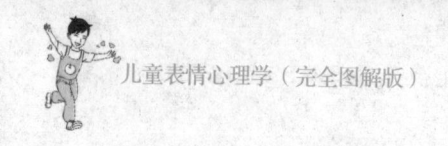

举动，但是对孩子来说这可是成长的一大发现，可以促进孩子的心智发展。

知道了扔东西对于孩子有如此重要的意义，父母就不要再责备孩子扔东西了，而是要密切配合孩子，可以设计一些扔东西的游戏让孩子参与，也可以提供不同的东西给孩子扔。例如孩子可以扔球摇铃，扔硅胶玩具，扔沙包。这些玩具落在地上的声音都是不同的，而且因为重量不同，所以孩子在扔它们的时候也需要使用不同的力度。当然，家里有一些东西是怕碰撞的。那么，父母可以划定一个专门的区域给孩子扔东西。因为不仅十个月的孩子喜欢扔东西，很多两三岁的孩子也依然喜欢扔东西，所以父母可以让孩子在专门的区域里想怎么扔就怎么扔。这样既能满足孩子扔东西的欲望，也能让孩子得到充足的练习，还能保持家里的干净整洁，也可以保证孩子扔东西的时候非常安全，可谓一举数得。

当孩子渐渐长大，家里想要营造更好的环境，而且此时孩子已经过了空间探索的敏感期时，那么，父母就可以把家里收拾得更干净整洁，从而帮助孩子养成良好的卫生习惯。如果孩子长大之后还喜欢扔东西，那么父母可以为孩子准备一些玩具箱，让孩子把玩具分门别类地放好。当然，不管孩子是因为处于空间探索阶段喜欢扔东西，还是因为不善于把东西物归原处而导致家里乱糟糟的，父母都要注意控制情绪。父母歇斯底里是无法管教好孩子的，父母反应过激只会让孩子感到恐惧，甚至会激发孩子的逆反心理。父母一定要以正确的方式给予孩子引导和帮助，才能够避免孩子乱扔东西。

孩子特别依赖：缺乏安全感

明明三岁了，是妈妈的小尾巴。每天不管妈妈去哪里，明明都会跟在妈妈身后，而且不会离开妈妈的身边半步。哪怕明知道妈妈就在某个地方待着呢，也非要和妈妈待在一起，还要紧紧地牵着妈妈的手。每当遇到陌生人的时候，或者是遇到妈妈熟悉的朋友同事，明明都会非常害羞，他常常躲在妈妈的身后，不愿意出来和大家打招呼。

明明从小就是由妈妈带大的，所以他和妈妈形影不离。有的时候，妈妈离开明明的身边哪怕几分钟，明明就会非常的紧张。小的时候，妈妈即使上厕所，明明也会跑到厕所门口站着，眼睛看着妈妈。有的时候，妈妈不得不出门去办事情，明明就会歇斯底里地大哭大喊，甚至抱着妈妈的腿不让妈妈走。看到邻居家的孩子和明明差不多大，但却总是满大街跑着玩，也常常去亲戚朋友家里过夜，并不需要妈妈寸步不离的陪伴，妈妈感到很纳闷：为什么明明和其他孩子一样大，但是却从来也离不开妈妈呢？即使是在公园里玩儿的时候，明明也要求妈妈就站在他的身边，其他的妈妈都可以站在距离孩子稍远的地方一起聊天，而明明的妈妈只能和孩子们待在一起，就像明明的贴身保镖。

三四岁的孩子很缺乏安全感，所以他们需要依靠在妈妈的身边，牵着妈妈的手一起出门。在家里的时候，他们一眼看不到妈妈就会感到很紧张。如果过了三四岁之后，孩子依然不能离开妈妈，就说明孩子极其缺乏安全感。从心理学的角度来说，安全感是人的心理需求。一个人如果没有安全感，往往意味着他的心理需求没有得到满足，这会给人的生活和工作带来很多麻烦。虽然孩子小时候是完全有理由依赖父母的，但是随着渐渐成长，他们理应离开父母的身边，去过属于自己的生活，他们必须要脱离父母的羽翼，尝试着独自面对生活。在这样的情况下，缺乏安全感就会让他们面临很多障碍。

例如，在三岁上幼儿园的时候，很多孩子哭闹几天，就会接受自己每天都要上幼儿园的事实，甚至还会因为幼儿园里有玩具和小朋友,所以高高兴兴地去上幼儿园。但是那些缺乏安全感的孩子呢,他们往往会哭闹十天半个月,甚至会哭闹一两个月。他们每天去幼儿园都哭泣,每天去幼儿园都像和妈妈生离死别一样,哭得撕心裂肺,这让妈妈感到非常烦恼。经常哭泣也会影响孩子的身心健康,那么怎么样才能够让孩子获得安全感,不再特别依赖父母呢?

其实,孩子特别依赖父母,与父母对他们的教养方式是有关系的。很多父母在孩子小时候片刻也不离开地陪伴在孩子的身边,渐渐地,孩子就会习惯于有父母陪伴的生活,不管做什么事情都要求父母陪伴。也有一些父母对孩子的管束非常严格,对孩子的照顾无微不至,他们事无巨细地干预孩子,渐渐地孩子就认为不管做什么事情,都要得到父母的同意才能去做,这使他们的精神上更加依赖父母。

在一岁半之后,孩子的自我意识和独立性都得到了发展和提高。他们在这个阶段很愿意离开父母的身边,去进行自由的探索。父母在这个时候一定要支持孩子独立去进行探索,可以在孩子身边不远处来保证孩子的安全,给予孩子安全感,但是不要紧紧地跟在孩子身边,也不要安排孩子做每一件事情。只有在这个时期里让孩子渐渐地走向独立,孩子才能够获得安全感,也才能够认识到自身的力量,觉得自己可以离开父母,不

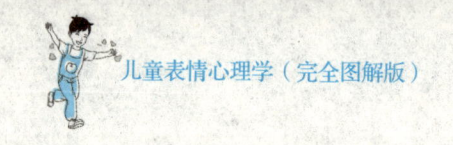

再需要父母的干涉和保护。

在抚养孩子的过程中,有些父母看到孩子不听话,就会吓唬孩子。例如,孩子从地上捡起了一片树叶,父母会对孩子说"树叶上有虫子";孩子不听父母的话,到了离开父母一定距离的地方,父母就会吓唬孩子"离开父母很远,会被坏人抓走";孩子想和小朋友们一起玩,父母却吓唬孩子"小朋友会打人"。渐渐地,孩子就会越来越闭塞,他们只有待在父母身边才会感到安全,与此同时,他们也离这个世界越来越远。有一些孩子在犯了错误或者受到伤害的时候,父母不但没有及时安抚他们,甚至还会因此而嘲笑他们:"看看吧,都怪你不听妈妈话,所以才会受伤!"这样的话给孩子带来的心理影响是非常大的,会使孩子认为只要离开妈妈的身边就会受伤,他当然会紧紧地黏着妈妈。

和谐的家庭氛围也会给孩子带来安全感。父母不要当着孩子的面吵架,也不要让孩子感觉自己有可能失去爸爸或者是妈妈。对于孩子而言,爸爸妈妈的爱就是他们在这个世界上最看重的东西,所以爸爸妈妈即使有了离婚的念头,也不要问孩子是跟爸爸还是跟妈妈。还有一些爸爸妈妈会因为觉得有趣,故意拿这样的问题来考验孩子,却不知道大人认为无关紧要的这些问题,会给孩子带来很强烈的不安全感。在幸福和睦的家庭中长大的孩子往往会有很强的安全感，而在飘摇动荡的家庭里长大的孩子，却常常感到不安。如果父母离婚，孩子跟着妈妈，他们就会觉得自己再也不能失去妈妈，而觉得自己已经失去了爸爸，这对孩子稚嫩的心灵将会产生很大的影响。

为了帮助孩子适应父母的离开，爸爸妈妈可以循序渐进地进行一些分离焦虑的训练。例如，爸爸妈妈离开孩子身边五分钟，然后又回到孩子身边。刚开始这么做的时候，孩子也许会紧张焦虑，哭闹不休，但是在几次三番爸爸妈妈如约回到孩子身边之后，孩子就会知道，爸爸妈妈只是暂时离开，很快就会回来。随着训练的进展，爸妈可以拉长间隔的时间，例如从五分钟到半个小时，到两个小时，再到半天，最后到一天，这样孩子就能够离开父母的身边，而且很相信自己在特定的时间就会和父母团聚。当然，在此过程中，父母一定要得到孩子的信任，在和孩子约定的时间里，准时回到孩子的身边。否则如果父母回来晚了，孩子就会感到不安。只有先帮助孩子建立安全感的围墙，父母才能够对孩子放手，也才能够让孩子爱上自由的感觉。

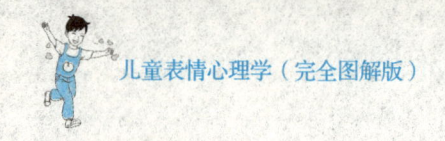

孩子走来走去

一岁半的杰杰最近特别喜欢走路,他的小腿短短的,但是他走的路却长长的。每次妈妈带他出去玩儿的时候,他简直比妈妈还能走,妈妈都已经觉得累了,想要把他抱起来休息一会儿,但是他却摆摆手,甩开妈妈的手,坚持要自己继续走下去。看着杰杰不知疲倦的样子,妈妈真担心这么走着会把杰杰累坏了。

有一天,妈妈带着杰杰去公园里玩。这个公园很大,杰杰绕着公园走了整整一大圈。妈妈在走到半途的时候就对杰杰说:"杰杰,累了吗?我们可以坐公园里的电动车。"但是杰杰坐到电动车上就开始哭,坚持要下车自己走。妈妈只好带着杰杰从电动车上下来。杰杰雄赳赳气昂昂,在妈妈前面走得飞快,妈妈一直跟着杰杰走。看到杰杰精力十足,妈妈不禁感到疑惑:"杰杰才一岁半,为什么这么喜欢走路呢?难道他不累吗?"

一到两岁之间,孩子会进入行走敏感期,有些孩子的行走敏感期开始得比较早,在七八个月的时候就已经开始了。不过,大多数孩子都要在一岁前后才会正式进入行走敏感期。在这个阶段，他们会非常热衷于走路，这是为什么呢？因为他们腿部的力量不断地增强，而且他们刚刚学会走路，所以很享受这种自己从一个地方到另外一个地方的感觉。行走对于孩子来说具有非凡的意义，这意味着孩子从一个不自由个体发展成为一个自由个体。在作为不自由个体的时候，他们凡事都需要得到父母的照顾，想从一个地方到另外一个地方，必须由父母抱着。但是在成为自由个体之后，他们可以随心所欲去自己想去的任何地方，随着能力不断增强，他们的脚步也将走到更远的地方。在这个阶段，孩子非常喜欢行走，父母哪怕想抱着孩子，孩子也不愿意被父母抱。父母哪怕想让孩子停下来休息一会儿，孩子也会不愿意停下来。如果孩子行走的需要不能得到满足，他们就会哭闹不止。

行走敏感期恰恰可以让刚刚学会走路的孩子更积极地锻炼走路，从而走得越来越稳，越来越好。对于行走敏感期的孩子，父母不要过于紧张，这是因为孩子不会被累坏。孩子之所以不停地走，是因为他们还没有感到特别累，也可以说兴趣超过了疲惫的感觉，所以才能支持孩子继续走下去。当孩子感到特别疲惫，疲惫压倒了兴趣的时候，他们就会选择让父母抱或者停下来休息。那么对于健步如飞的孩子，父母要做的是什么呢？

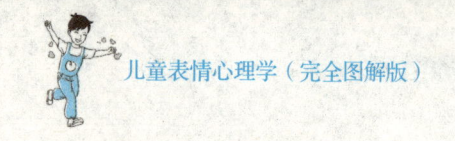

父母不要因为担心孩子会累坏了，所以就不给孩子机会走路。孩子要有行走的自由，他们刚开始虽然跟跟跄跄还走得不太稳，但是他们不断练习后会走得越来越好。有一些父母看到孩子走路的时候摇摇晃晃，很担心孩子会摔倒受伤。而为了保证孩子的安全，他们会限制孩子走路。实际上，这对于孩子的发展是很不好的。还有一些父母不管走到哪里，都会推着小推车把孩子放在推车里。虽然父母以这样的方式让孩子随时保持在自己的视线之内，让自己带孩子的时候更放心更安心，但是对于发展孩子的行走能力却是不利的。父母应该给孩子走路的自由，也应该给孩子更多的机会练习走路。

要想保障孩子的安全，可以带孩子去安全的环境里走路。例如在家里，把家具的边边角角都包起来，以防止孩子磕碰到自己。还可以带孩子去没有车辆通行的公园里，让孩子在草地上自由地走，也可以在公园的小路上走，孩子都会非常开心。在走路的过程中，孩子还能看到各种美丽的景色，他们一定会觉得心情大好。这种情况下，孩子的面部表情是非常生动传神的，父母可以从孩子神采奕奕的状态中，感受到孩子的喜悦和满足。

孩子刚刚学会走路，他们走得很慢，也因为孩子的腿比较短，所以他们每一步迈出的距离比较小。在和成人一起走路的时候，孩子一定会拖后腿，赶不上成人的速度。在这种情况下，父母不要催促孩子。有一些父母因为很着急，就会把孩子抱起来走得飞快，还有一些父母总是催促孩子走得快一些，就会给孩子很大的心理压力。明智的父母会告诉孩子，慢慢走，妈妈会等你，或者是主动放慢速度，走在孩子的身后，让孩子在自己的视线范围内快乐地走着，这不是最美好的情形吗？

当孩子走累了的时候，父母可以抱一抱孩子，让孩子感受到父母的怀抱非常温暖，也会增进与父母之间的感情。在孩子摔倒的时候，父母切勿表现出过于紧张的样子。孩子并没有摔倒的经验，如果在孩子每次摔倒的时候，父母都表现得很紧张，这种紧张的情绪就会传染给孩子，让孩子变得畏惧走路。在孩子摔倒之后，如果没有意外的情况，其实是不会摔伤的，因为孩子的身高很矮。所以父母在观察孩子没有受伤之后，要鼓励孩子自己爬起来继续往前走，一定要表现得非常淡然，而不要紧张惊恐。

有的时候，孩子不喜欢走平路，而会喜欢走那些高处的地方，或者是坑坑洼洼的地方。父母不要因此而训斥孩子，这是因为孩子希望通过自己脚步的感觉来探索这个世界。父母要保障孩子的安全，提醒孩子注意避开危险，却要支持孩子走这些

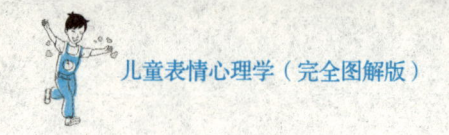

地方，也可以辅助孩子走过这些地方。

孩子喜欢抢夺玩具

三岁的豆豆最近变得越来越霸道，特别喜欢抢其他小朋友的玩具。有一天在公园里玩的时候，豆豆抢了好朋友的玩具，惹得好朋友哇哇大哭，豆豆妈妈赶紧和豆豆的好朋友道歉。但是，豆豆的好朋友在好几天的时间里都不愿意和豆豆一起玩了。

还有一次，豆豆看到小朋友骑着一辆小滑板车出去玩，就和小朋友要求骑滑板车。小朋友拒绝了豆豆的请求，豆豆上去对着小朋友打了一巴掌，小朋友生气地哭起来。妈妈责令豆豆向小朋友道歉，豆豆理直气壮地说："我为什么要给他道歉，他不给我玩，他应该给我道歉。"看到豆豆这么不讲道理，妈妈觉得很羞愧，赶紧代替豆豆向小朋友道歉。

豆豆小时候可不是这样的，他有什么玩具都会分给小朋友玩，而且性格温和，和小朋友在一起玩的时候也不会发生矛盾。现在到了三岁多了，已经长大了，为何却出现了这样的行为呢？妈妈百思不得其解。

第五章　不可忽视的肢体动作，表露孩子的真心

　　同龄的孩子在一起玩的时候，很容易发生争抢玩具的事件。这不但会损害孩子的人际关系，而且很多父母也会因为孩子之间争抢玩具而发生矛盾和争执，甚至打闹起来。那么，在孩子争抢玩具的时候，父母应该怎么做呢？孩子争抢玩具又出于怎样的心理呢？父母要想知道如何处理好孩子之间的矛盾，就应该了解孩子抢夺玩具背后的心理特点，这样才能对孩子展开引导，也才能够让孩子有更好的行为表现。

　　在两岁之前，孩子的自我意识还没有形成，他们以为自己与外部世界是一体的，并没有把自己与外部世界区分开来。在两岁之后，孩子的自我意识渐渐地成形，他们会认为外界的所有东西都是自己的。两岁的孩子占有一件东西的理由很简单，就是他们看见了这个东西。尤其是在独生子女家庭里，父母的宠爱，让孩子渐渐地霸占了家里所有的资源，所以即使走出家门，他们也会认为自己理所当然得到一切最好的。

　　两岁的孩子还不能够理解人际相处的各种规则。例如，他们在一起玩玩具，只要看到别人拿到的积木颜色很漂亮，他很喜欢，他就会去拿。他并不认为这种行为是错误的，也不知道需要先征求别人的同意才能拿别人的东西。当孩子做出这样的行为举动时，还有一些父母会表现出明显的护短行为，

祖护自己家的孩子，纵容孩子的行为。也有一些父母比较自私，他们不喜欢孩子与人分享，所以在孩子拿着某个好东西的时候，他们会告诉孩子不能给别人玩，这也会助长孩子的抢夺心理。

当孩子出现抢夺的这种行为表现的时候，父母不要过于紧张，而是要在分析孩子身心发展特点的基础之上，对孩子进行正确的教育和引导，这样才能起到很好的教育效果。首先，父母应该告诉孩子：有些东西是别人的，如果想玩这些东西，就要经过别人的同意。孩子还没有你的我的的概念，他们认为所有东西都是我的，所以父母要渐渐地向孩子灌输这样的概念，这是物权归属的概念。两岁左右的孩子，经过父母的引导，已经可以初步形成物权归属的概念。

在孩子形成物权概念之后，父母可以引导孩子学会表达自己的需求。人与人之间一切问题的解决都需要依靠沟通，如果孩子不和别人表达自己想玩的想法，就直接去抢夺别人的玩具，那么一定会导致人际关系紧张。如何才能够说服别人把玩具给自己玩儿呢？这对孩子来说可是一个挑战。在此过程中，孩子会增强运用语言的能力，也会在实现心愿之后感到非常有成就感。

细心的父母会发现，年幼的孩子很喜欢进行一种行为，那就是交换玩具。他们会把自己的玩具送给其他小朋友玩，然后玩其他小朋友的玩具，这样一来，他们各自都得到了想要的玩具，其乐融融。不得不说，这是孩子们想出的一个很好的方法，和古时候的人们以物易物有异曲同工之妙，看来孩子还从老祖宗那里继承了很精妙的思想呢！

如今，很多孩子都习惯了独处，是因为他们都是独生子女，白天父母上班，家里只有老人负责照顾他们，他们又因为住在城市的钢筋水泥的森林里，所以并没有同龄人玩耍。这使得他们缺乏合作意识，也不愿意与人分享。父母可以创造一些机会，让孩子和同龄人在一起玩，在此过程中，他们就会渐渐地学会分享，也会建立合作的意识。曾经有一位心理学家说，父母即使怀着赤子之心与孩子玩耍，也无法代替同龄人在孩子成长过程中重要的作用。的确如此，在和同龄人相处的过程中，孩子会模仿同龄人的行为，也会得到快速的成长。

人际相处是一个非常复杂的问题，很多成人尚且不能与大多数人和谐友好地相处，更何况是孩子呢？孩子在心智发展方面还有很多不成熟的表现，父母应该给予孩子更多的理解，也要切实有效地帮助孩子，这样才能够让孩子懂得更多的道理，也才能够改善孩子的行为。

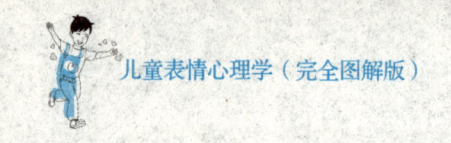

孩子总是与人冲突

有一天下班比较早，妈妈亲自去幼儿园接琪琪回家。妈妈在幼儿园门口等着，看到老师带着排成长队的小朋友们出来了。在整理队伍的时候，其他小朋友都站得规规矩矩，但是琪琪在队伍里却总是在动来动去，他一会拽拽站在他前面的小朋友，一会儿扯扯站在他旁边的小朋友。这个时候，班级里有一个比较懂事的小朋友要求琪琪不要动，琪琪却对他的管教很不服气，伸出手就把他推倒在地上。那个小朋友受到琪琪突然的攻击，号啕大哭起来。老师闻讯赶来，听到琪琪和小朋友讲述了事情发生的经过，批评琪琪："琪琪，你这么做是错误的。小朋友不能打人。而且你一会儿拽着这个小朋友，一会儿碰碰那个小朋友，让大家都感到很不舒服。你应该乖乖地站着，像一个小小的战士那样，好不好？"听了老师的话，琪琪满脸不情愿，也不愿意和小朋友道歉。

妈妈在外面看到了整个事情的经过，因而挥手示意老师。妈妈进入校园之后，蹲在琪琪的身边，看着琪琪的眼睛说："琪琪，如果别的小朋友把你推倒，你愿意吗？"琪琪摇摇头。妈妈说："那么，你应不应该跟小朋友道歉呢？"听到妈妈的话，琪琪这才极不情愿地对小朋友说了"对不起"。

第五章 不可忽视的肢体动作，表露孩子的真心

就在妈妈和老师说话的时候，琪琪突然很凶地对小朋友说："等着吧，明天我还要把你推倒！"听到琪琪的话，妈妈感到非常惊讶。她问老师："琪琪平时在幼儿园里是这样的吗？我因为每天都要上班，所以很少带琪琪，并不知道他的表现。"老师无奈地对琪琪妈妈说："琪琪在幼儿园里可是一个小霸王呢！他有的时候会抢其他小朋友的玩具，有的时候会故意在其他小朋友的书本上乱写乱画。很多小朋友都不喜欢和琪琪玩儿。"听了老师的话，妈妈感到非常苦恼，她从来不知道琪琪居然如此暴力。

孩子为什么喜欢攻击他人呢？在儿童心理学上，这种攻击的行为被称为儿童攻击行为。孩子之所以出现攻击行为，是因为自己的欲望得不到满足，所以对他人做出有害的行为，甚至还会毁坏物品，具体的表现为打人、骂人、踢人、推人、抢别人的东西等。这些行为都属于儿童攻击行为的范畴。通常情况下，孩子在三岁之后更容易做出攻击行为，大概在五岁前后，孩子的攻击行为会达到一个顶峰。等到过了五岁之后，孩子渐渐长大，越来越懂事，会懂得更多的道理，也会开始遵守规则。所以，他们的攻击行为会随着年龄的增长而逐渐减少。

看到这里，也许有的父母会感到疑惑：所有的孩子都会遵循这个规律，在三岁前后就开始攻击他人，在五岁前后攻击他人的行为达到顶峰吗？当然不是，这是因人而异的。通常情况下，孩子并不会发生攻击他人的行为，在后天成长的过程中，孩子因为受到外部环境的影响，所以会出现攻击行为。

孩子的模仿力是很强的，在发现身边有人做出攻击他人的行为时，他们就会受到不良的影响，也会做出这样的行为，还会模仿他人的行为。孩子的学习能力很强，学习得非常快，有的时候哪怕不是身边的人做出攻击行为，在电视节目或者网络游戏中发现攻击行为，他们也会模仿。曾经有心理学家经过研究发现，青少年暴力犯罪者中至少有70%的人在儿童时期就会出现攻击行为，这意味着，如果孩子在很小的时候就表现出很强的攻击性，那么他们不但会在社会交往中面临很多困难，长大之后还更容易走上犯罪的道路。父母不要对孩子的攻击行为掉以轻心，而是要及时对孩子展开干预，这样才能够让孩子从歧途上回归正道，也才能够让孩子更好地成长。

除了外部不良环境的影响之外，家庭环境对孩子的影响也是很大的。在有一些家庭里，父母会有暴力行为的倾向，他们喜欢使用暴力手段来教育孩子，而且彼此之间发生争吵的时候也很容易动手。每当发生这种情况，孩子就会学习父母的样子，做出攻击行为，用父母对待他们的方法来对待其他的孩子。有些孩子因为经常挨父母揍，所以还会产生逆反心理。他们会把这种不良的情绪转移到其他的孩子身上，用打骂其他孩子的方式来发泄不良的情绪。那么，父母如果已经习惯于做出暴力行为，就不会重视孩子打人的事情，也不会及时帮助孩子疏导情绪。这就使孩子的暴力行为变得越来越严重。父母要知道，家庭是孩子赖以生存的环境，父母是孩子最信任的人。如果父母不能做到更好地教育和引导孩子，孩子的行为就会出现偏差。在家庭中，父母应该在孩子面前有更好的表现，此外还应该监督孩子看电视，玩网络游戏，避免孩子接触那些暴力的电视节目和游戏。

当发现孩子出现打人的行为时，父母切勿掉以轻心，既要及时教育孩子，也要对孩子加以制止。如果孩子从来不知道打人有什么不对，那么他们就会变本加厉。父母应该用各种方式让孩子知道，打人会带来严重的后果，但是尽量不要使用暴力手段惩罚孩子，否则就会导致事与愿违。有些孩子的内心充满了负面情绪，他们的攻击性很强，甚至会攻击小动物。当发现孩子有攻击的苗头时，父母要有意识地培养孩子对世界充满爱

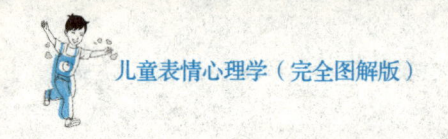

心，也可以为孩子养育一些小动物，这样孩子在照顾小动物的过程中会渐渐地改掉攻击的坏习惯。

孩子因为自身的欲望得不到满足就攻击他人，这显然是不讲道理的，也不能够理解他人的情绪和感受，更不能够知道自己的行为会给他人带来怎样的伤害。我们一定要让孩子知道，打人并不是解决问题的好方法，反而会使事态变得更加严重。当然，只是告诉孩子打人不对，并不能够帮助孩子解决问题。很多孩子都是因为面对难题无法解决，所以才会情绪激动，做出失控的举动。父母应该告诉孩子具体应该怎么做。例如，孩子可以离开那个让他们情绪失控的环境，到其他的环境中恢复情绪平静。再如，孩子可以寻求父母的帮助来解决问题。总而言之，解决问题的方法很多，当孩子掌握了更多的方法解决问题的时候，他们就不会轻易动怒，更不会轻易打人。

在孩子小时候，有一些孩子会打父母，父母往往会觉得非常开心，也觉得很有趣。看到父母的反应时，孩子会感到很迷惘。在孩子成长过程中，如果他们在家里打人从来没有被制止过，那么他们就会认为打人是一件正确的事情。所以父母一定不要让孩子觉得打人是理所当然的，否则日久天长孩子的心态就会有所改变。每个孩子降临世界的时候都是一张白纸，作为父母，如何在这张纸上为孩子描上底色，将会影响孩子的一生。父母切勿觉得教育孩子是一件简单容易的事情，而是要把教育孩子当成毕生最伟大的事业去完成，这样才能给孩子的成长交上满意的答卷。

第六章

是谁出卖了孩子的"谎言":不可不知的说谎表情

刚发现孩子开始说谎的时候,父母一定会感到非常苦恼,这是因为在大多数父母的心中,说谎都是一件性质恶劣的事情,甚至会引起严重的后果。实际上,对于年幼的孩子来说,他们说谎的原因是多种多样的。很少有孩子说谎是出于恶意的。要想帮助孩子改掉说谎的坏习惯,父母要深入分析孩子说谎的心理,这样才能够有效地解决问题。

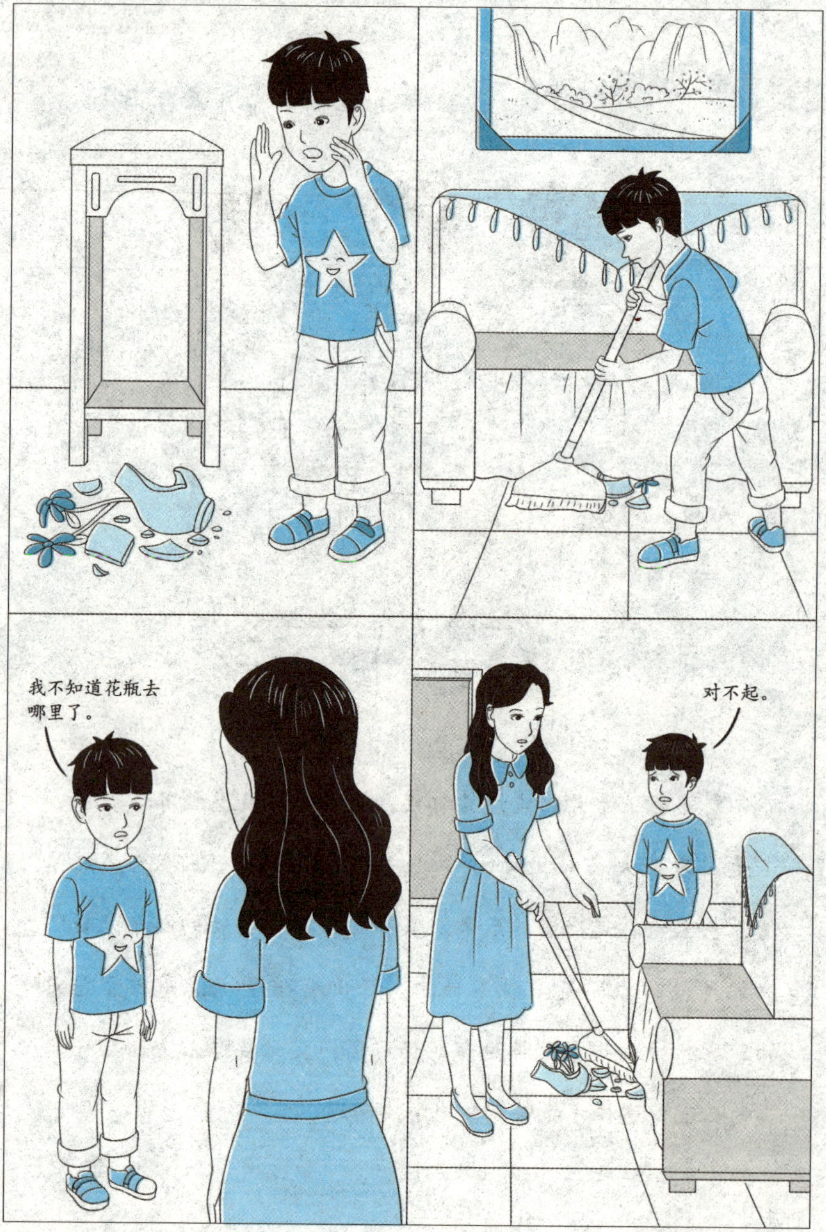
我不知道花瓶去
哪里了。
对不起。

第六章 是谁出卖了孩子的"谎言"：不可不知的说谎表情

看人识面，谎言不攻自破

现在社会上流行读心术，各种各样的读心术层出不穷，关于读心术的书籍也很多。那么，读心术到底是什么呢？直白地说，读心术就是利用对人察言观色来读懂他人的心思，知道他人的需求，从而更好地与他人相处，也找到应对他人的方法。在社会生活中，读心术确实有很大的作用，可以帮助我们经营好人际关系，也可以帮助我们解决很多难题。其实，读心术不仅在普通的人际关系中能起到良好的作用，在亲子沟通和交流方面也大有用途。

说起孩子说谎，很多父母都会感到非常紧张，这是因为他们认为说谎是一件很糟糕的事情，也代表孩子的品行不端。实际上，说谎并不像父母想的那么严重，这是因为孩子说谎的原因并不是出于恶意。通常情况下，父母只要用心观察，就能发现孩子说谎的蛛丝马迹。在这个时候，父母要用读心术才能看人识面，识破孩子的谎言。在识破孩子的谎言之后，也不要动辄对孩子严厉批评，或者是打骂孩子，要知道孩子为什么说谎，也要理解孩子说谎的原因，这样才能以更合理的方式对待

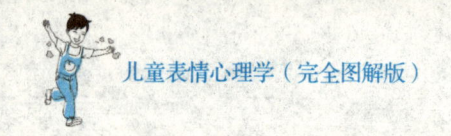

孩子，也才能与孩子之间建立良好的亲子关系。

周末的早晨，宁宁刚刚吃完早饭，就低着头对妈妈说："妈妈，我一会儿要去好朋友家里写作业。"让妈妈感到奇怪的是，宁宁在说这些话的时候并没有抬头看着她的眼睛。其实妈妈早就告诉过宁宁，说话的时候要看着对方的眼睛，这才是尊重对方的表现，也可以从眼睛里看到对方的心思。因此妈妈略微迟疑，没有回应宁宁的话。这个时候，宁宁低着头继续对妈妈说："妈妈，我一会儿要去好朋友家里写作业。"妈妈想了一下，对宁宁说："好！"

刚刚吃完饭，宁宁都没有休息，就背着书包出了家门。妈妈感到很疑惑，偷偷地跟在宁宁身后，想看看宁宁到底要做什么事情。原来，宁宁并没有去朋友家写作业，而是和几个朋友一起去看电影了。看到宁宁和朋友在一起开心的样子，妈妈有些不明白：宁宁为什么不能告诉我实话呢？在观察了一番之后，妈妈才发现，原来和宁宁一起看电影的这几个孩子中，有一个孩子的学习成绩特别不好，而且还经常偷偷摸摸和社会上的不良人士交往，所以妈妈禁止宁宁和这个孩子交往。妈妈恍然大悟：原来，宁宁是怕我不允许他和这些孩子一起出来看电影呀。妈妈没有惊动宁宁，在看清楚了情况之后，就独自回家了。

第六章 是谁出卖了孩子的"谎言":不可不知的说谎表情

中午,宁宁回到家里,妈妈假装毫不知情地问宁宁:"宁宁,今天在同学家写作业,表现好不好呀?"宁宁笑着说:"很好呀!我们写完作业之后,还玩了一会儿。"妈妈追问道:"那么,你们玩什么了呢?"宁宁略感迟疑,沉思着说:"我们玩了电子游戏。"妈妈突然问:"我今天遇到你好朋友的妈妈,在菜市场。"宁宁脸色骤变,突然之间不知道该说什么了。妈妈一声不吭地看着宁宁,宁宁这才回过神来,向妈妈坦白道:"妈妈,其实我今天没有去好朋友家里写作业,我是和几个同学去看电影了。我之所以对你撒谎,是因为你不让我和其中的一个同学交往。"听到宁宁终于说出了实话,妈妈语重心长地对宁宁说:"宁宁,我不让你和那个同学交往,不是因为他学习不好,而是因为他偷偷摸摸地和社会上的不良青年交往。要知道,你们可是学生呀,过早地进入社会并不是一件好事情。妈妈希望你能和那些一心学习的孩子交往,不管他们学习好坏,至少他们的心思很单纯。"听了妈妈的话,宁宁沉默着点点头。

一个人在说谎的时候会情不自禁地做出一些表情,例如低着头不敢看他人的眼睛,眼珠子滴溜地转,用手指触摸自己的鼻子,这些都是说谎者常有的表情和动作。还有的说谎者会情

135

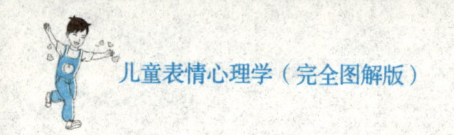

不自禁地挠挠头，或者会把话说得语气很重，这都是因为他们做贼心虚，生怕被人家识破撒谎的行为。

在这个事例中，宁宁之所以不敢看着妈妈的眼睛说话，就是因为他在撒谎。正是这个小小的举动引起了妈妈的怀疑，不得不说，妈妈的警惕心理还是很强的。她尾随着宁宁，发现宁宁并没有做什么不好的事情，而只是和同学们一起去看电影，也就没有戳穿宁宁，而是回到家里等着宁宁回家。做好父母从来不是一件简单容易的事情，而是需要充满智慧，根据各方面的情况做出随机应变的反应。

父母应该是最了解孩子的人，那么除了看到孩子做出一些撒谎的表情，从而怀疑孩子在撒谎之外，父母还应该根据对孩子的了解，看看孩子是否有异常的表现。如果孩子有异常的表现，那么父母就要探查究竟，从而才能保证孩子的安全。父母只要有看人识面的本领，孩子的谎言就会不攻自破。虽然父母不用把孩子管得非常严格，但是父母要对孩子的安全负责，也要给孩子以更好的引导和帮助，及时了解孩子的心理动态，这对于教育孩子是非常重要的。

父母言行一致，孩子诚实守信

很多父母都对孩子说谎的行为深恶痛绝，觉得说谎是品质问题，而不是习惯问题。为此他们把孩子说谎提升到道德的高度，也因为孩子说谎而对孩子做出非常严厉的批评，进行深刻的教育，但是父母却没有想到孩子为什么会说谎。

通常情况下，孩子说谎的原因不外乎以下几种。首先，孩子担心自己会被惩罚，所以用说谎的方式来保护自己。大多数孩子说谎都是出于保护自己的目的，而并不是为了陷害他人或者是伤害他人。其次，尤其是四五岁的孩子，他们并不能够区分想象与现实，他们会把想象与现实混淆，把想象当成现实说出来，这就使父母误以为他们在说谎。在过了这个年龄段之后，他们能够区分想象与现实，就不会再出现这样的情况了。再次，孩子出于恶意而撒谎。对于这样的谎言，父母一定要严格地教育孩子，也要坚决杜绝孩子再犯。最后，孩子之所以撒谎，是因为受到父母的不良影响。

看到最后这条原因，很多父母一定会都感到非常委屈，觉得难以置信：我从来不会撒谎，我可没有给孩子负面影响。心理学家证实，每个人每天都会若干次撒谎，从不撒谎的人是不存在的。那么，父母为什么说自己没有撒谎呢？是因为他们已经把撒谎当成了习惯，所以并没有意识到自己在撒谎。举个例子来说，父母明明在家里休息，接到领导的电话，却说自己正在外面旅游，无法第一时间赶回公司加班。听起来这是理所当然的谎言，因为没有人想在休息的时候被揪回公司加班，而且父母总要多多地陪伴孩子。但是不管父母的初衷是怎样的，他们的行为结果就是撒谎。所以虽然这样的谎言是理直气壮的，但是孩子却会在无意间模仿父母，也学会撒谎。所以父母不要说自己从来不对孩子撒谎，正是在父母言传身教潜移默化的作用之中，孩子才渐渐学会了说谎，也养成了撒谎的坏习惯。

周末，妈妈难得休息，留在家里陪着娜娜。妈妈不但给娜娜做了美味的食物，而且还和娜娜一起做游戏。中午，妈妈正和娜娜一起欣赏一部电影呢，家里的电话铃响了。这个时候，妈妈紧张地对娜娜说："如果是找我的，你就说我没在家，去姥姥家看姥姥了。"娜娜疑惑地看着妈妈，不知道妈妈是什么意思。妈妈不耐烦地说："你就按我说的说！"娜娜接起了电话，果然是找妈妈的，她就按照妈妈所说的话说了。

挂断电话之后，娜娜问妈妈："妈妈，你为什么要撒谎呀？"妈妈说："我这可不是撒谎呀，如果我说我在家，领导就会把我揪去加班，那我下午就没法陪你了。你是想让妈妈去

第六章 是谁出卖了孩子的"谎言"：不可不知的说谎表情

加班，还是想让妈妈陪你呢？"娜娜一时之间无法回答这个问题，不由得愣住了。这个时候，妈妈说："好啦，妈妈即使撒谎，也是善意的谎言，不是为了欺骗别人，而是为了有更多的时间陪你。"娜娜似懂非懂地点点头。

后来，又来了一个电话。这个电话是找娜娜的，娜娜接了电话听到是皮皮的声音。原来，皮皮想来娜娜家里向娜娜请教一道数学题，皮皮家和娜娜家在同一个小区，只隔着几栋楼。这个时候，娜娜对皮皮说："皮皮，不要来呀。我身体不舒服，感冒了，会传染给你的！"听到娜娜的话，妈妈惊讶地瞪大眼睛。娜娜挂断电话之后，妈妈当即质问娜娜："娜娜，你怎么撒谎呢？"娜娜对妈妈说："我这可不是撒谎呀，我是不想让皮皮来我们家。我们俩难得在一起，我不想有人来打扰。而且，皮皮是来让我讲题目给他听的，我又没有义务要讲题目给他听。"妈妈生气地对娜娜说："娜娜，你这么做可不对，同学之间就要互相帮助。你还记得你上次真正生病的时候，皮皮还专门来给你送作业吗？"娜娜不以为然地说："我这是善意的谎言。"妈妈陷入了沉思。

妈妈不管因为什么原因撒谎，都会给孩子带来负面影响。父母除了不要当着孩子的面对别人撒谎之外，在和孩子说话的

139

时候也要践行诺言，不要对孩子撒谎，更不要被孩子冠以骗子的称呼。这是因为孩子非常信任父母，他们愿意对父母敞开心扉，也愿意陪伴在父母的身边，和父母一起做很多事情，这样的信任是亲子相处的基础。如果父母对孩子说了一些话却不能变成现实，使孩子觉得自己被欺骗了，孩子就不愿意再与父母深入沟通，也不愿意听从父母的建议。所以无论因为什么原因，父母都不要当着孩子的面撒谎，更不要对孩子撒谎。

看到这里，也许有些父母会说："我真的有很多苦衷，所以不得不对孩子说一些谎话，或者是对孩子食言。"其实这只是父母的理由而已。作为父母，即使有再多的理由，也不能够失去孩子的信任。在古代，曾子为了得到孩子的信任，践行对孩子的诺言，把家里唯一的一头猪杀了给孩子吃肉。要知道，在古代，只有到过年的时候才会杀猪吃肉。但就因为妻子允诺孩子要杀猪吃肉，曾子就毫不迟疑地去做了。这是因为曾子知道，不管是父母在孩子面前，还是孩子面对这个世界，都应该诚实守信，才能够立足。

需要注意的是，在一些谎言之中还混杂着一种非常隐蔽的谎言，那就是知识性谎言。而所谓知识性谎言，并不是父母捏造出来的谎言，而是因为父母对于孩子的一些提问无法正确回答，所以就会随口敷衍。例如，很多父母都羞于向孩子说起关于性和生殖的问题,那么,当被孩子问起自己的来处时,父母就会骗孩子是从垃圾堆里捡来的,是从石头缝里蹦来的,是从别人家抱来的等。这些话会让孩子对自己的来处感到非常困惑。等到渐渐长大之后,孩子知道了自己到底是从哪里来的,又会因为被父母欺骗而感到恼怒。父母与孩子相处要做到言行一致,孩子才能够诚实守信,对于很多科学性的问题,父母也要及时正确地回答,这样才能培养孩子科学的精神。

面对谎言,是否要揭穿呢

通过观察孩子的异常表现和各种表情,父母确定孩子是在撒谎,一开始心里会有一点小小的得意,因为父母凭着聪明和智慧识破了孩子的谎言。但是在确定孩子真的在撒谎之后,父母却又陷入了困惑之中。他们很迟疑,不知道自己是否应该揭穿孩子的谎言。的确,如果不揭穿孩子的谎言,孩子说不定就会继续撒谎;如果揭穿了孩子的谎言,使孩子恼羞成怒,孩子就会公开与父母对抗。这样的结果,当然是父母不希望看到的。

前文说过,孩子说谎的原因很多,有些孩子只是因为区分不清楚假象和现实，所以才会把幻想当成现实说出来，也有一些孩子因为身心发展还不够成熟，因而会犯一些错误。为了避免自己被父母惩罚，他们就会选择说谎。还记得关于列宁的一个小故事吗？列宁小时候去姑妈家里，和兄弟姐妹疯玩的时候，不小心砸碎了姑妈的花瓶。他因为害怕被姑妈惩罚，被妈妈批评，就撒谎说自己也不知道花瓶是谁砸碎的。妈妈看到列宁低着头满脸通红，就知道是列宁犯了错误，但是妈妈没有当着姑妈的面揭穿列宁的谎言，因为她想维护列宁的尊严。回到家里之后，妈妈也没有直接质问列宁，而是每天都为列宁讲关于诚实的故事。最终，列宁主动向妈妈承认了错误，并且还写信给姑妈道歉。由此可见，要想使孩子改掉撒谎的坏毛病，并不是越声色俱厉越好，而是可以采取更有效的方式打动孩子的心，让孩子主动改掉撒谎的坏习惯。

对孩子因为分不清想象或者现实而出现撒谎的情况，父母要引导他们认识现实；对于孩子出于自我保护的目的，不想让自己被惩罚所以才撒谎，父母要对孩子耐心地引导；如果有一些孩子是在故意地撒谎，并且几次三番地犯撒谎的错误，那么父母就要对孩子进行一番教育，也可以告诉孩子撒谎的坏处，这样才能够起到直接教育孩子的作用。

父母固然要揭穿孩子的谎言，却要讲究方式方法。不正当

第六章 是谁出卖了孩子的"谎言"：不可不知的说谎表情

的方式方法会起到负面的作用，甚至让孩子自暴自弃，破罐子破摔。只有采取适宜的方法，父母在揭穿孩子的谎言之后，才能够保护孩子的尊严，也才能够对孩子起到良好的教育作用。那么在发现孩子撒谎之后，父母该如何做呢？

首先，要保护孩子的尊严，给孩子留面子。孩子虽然小，却也很爱面子，他们之所以撒谎，就是为了保护自己的面子。父母在戳穿谎言的时候，也应该照顾到孩子的自尊心，就像列宁打碎花瓶之后，妈妈没有当着姑妈的面戳穿列宁的谎言一样，我们作为父母也要非常保护孩子的尊严，维护孩子的面子。在揭穿孩子的谎言时，要怀着真诚的态度，而不要嘲笑、讽刺孩子。很多孩子明知道自己犯了错，感到非常羞愧，如果父母对他们的错误采取嘲讽的态度，或者是不分时间、场合对他们劈头盖脸地数落，那么他们心里的愧疚感就会减弱，也就不愿意主动改变自己的错误，甚至还会报复性地故意说谎。而如果在人多的场合里，必须马上告诉孩子撒谎的严重后果，那么，父母可以带着孩子去一个人少的地方，和孩子私底下沟通，这是非常好的方式。

其次，很多孩子都不喜欢被别人误解。父母如果认定孩子是在撒谎，那么在戳穿孩子之前就要得到事实根据。如果只是凭着自己的猜测，就说孩子是在撒谎，这会使孩子觉得自己被

143

父母误解，也会感到非常伤心，原本非常亲密无间的亲子关系甚至会因为这个误解而出现裂缝，很难修复。有些孩子的自尊心很强，他们还会因为被父母误解而留下心理阴影，所以作为父母，切勿随随便便就揭穿孩子的谎言，一定要调查清楚事实的真相，也要知道事情的整个过程，才能够避免误解孩子。

在揭穿孩子的谎言时，一定要管好自己的嘴巴，不要肆无忌惮，说起一些不相干的事情。很多父母在教育孩子的时候都会犯一个错误，那就是翻旧账。他们看到孩子犯了这个错误，马上就想起孩子曾经犯过的类似错误，使得新仇旧恨一起涌上心头，在批评孩子的时候情绪也就会越来越激动，甚至引爆自己的情绪，使自己变得非常愤怒。这样一来，怎么能够很好地与孩子沟通呢？一切的家庭教育都要建立在顺畅沟通的基础之上，父母如果翻孩子的旧账，孩子马上就会从认错的态度变成抵触和对抗的态度。刚开始的时候，孩子会因为委屈而哭泣，但是随着父母的态度越来越强横，孩子就会产生逆反心理，甚至会故意与父母对着干。所以父母教育孩子一定要坚持就事论事，切勿把很多事情都裹在一起和孩子说，这样就会有拎不清的感觉，也无法起到良好的教育效果。

最后，面对孩子的谎言，父母也可以采取假装糊涂的态度。正如郑板桥说的，人生难得糊涂。虽然孩子撒谎是错误的行为，但是这个行为也因为其产生的动机不同，所以其性质也是不同的。对于孩子那些善意的谎言，或者是被逼无奈的谎言，父母与其揭穿孩子，损害孩子的自尊心，还不如假装不知道孩子是在撒谎，这样反而能够给孩子自我反省的机会。不管孩子最终是否会主动向父母承认错误，他们都会认知到自己的错误，这正是父母教育孩子的目的。

总而言之，孩子撒谎的原因是多种多样的。作为父母，对于是否揭穿孩子的谎言也应该有自己的考量，既要考虑到孩子的身心发展，也要考虑到孩子的脾气秉性，还要考虑到具体事件的起因等。这样才能够综合衡量这些因素，做出决定。如果父母觉得直接当面和孩子进行语言沟通很容易发生矛盾，那么还可以采取间接沟通的方式，例如给孩子写纸条，这样就能有效地避免冲突。除了写纸条之外，现代社会还有很多其他的沟通方式，例如亲子日记，即父母和孩子都可以写的日记。还可以和孩子互相发微信、发邮件等，这些都是很好的文字沟通方式。和语言沟通的及时性相比，文字沟通具有一定的滞后性，这也使沟通者能够更好地平复情绪，组织语言，从而表达自己真实的心意，避免误会的产生，也避免冲突的发生，是非常好的方式。

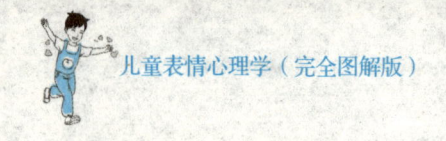

帮助孩子克服说谎

撒谎一旦成为一种习惯，要想戒掉的确很难。但是对于大多数孩子来说，他们撒谎都是无意之间做出的举动，或者是偶然做出的选择，孩子的本性是纯洁的，他们很天真，并没有那么多的坏心思。他们往往会把自己看见的说出来，会把自己想到的也说出来，所以父母不要把孩子想得太过复杂。即使发现孩子有撒谎的行为，也不要过于紧张，毕竟对于孩子来说，他们撒谎只是为了保护自己，而不是为了伤害他人。此外，父母要能够理解孩子的心思，知道孩子之所以撒谎，也有可能是因为迫于父母的威严。在很多家庭里，父母高高在上，对孩子非常严格。孩子一旦犯了错误，父母就会揪住他们的错误不放，这会使孩子的内心非常恐惧。所以要认识到如果能够给孩子一个更宽松的家庭环境，一个更民主的家庭氛围，那么孩子当然愿意说出事实真相。

由此可见，帮助孩子改掉撒谎的坏习惯或者坏毛病，父母首先要从自身做起。父母要知道，即使再严苛地管教孩子，也不能伤害孩子；即使再痛恨孩子所做出的错误行为，也不能够侮辱孩子。因而父母一定要摆正自己的心态，正确地面对孩子的错误。要知道，孩子在成长的过程中总是会犯各种各样的错误，如果孩子每一次犯错都因为害怕父母而不得不撒谎，那么孩子就会养成撒谎的坏习惯，也不能快乐成长。

大多数情况下，孩子都是无意识地说谎。他们并不知道真实的话与谎言之间会有多么大的区别，他们也不知道撒谎是道德品质的问题。他们撒谎的原因非常的简单，他们犯了错误，不想承担责任，不想因此被惩罚，所以他们就以撒谎的方式逃避责任。所以父母不要采取过激的方式让孩子的撒谎行为变得更恶劣，而是要理解孩子的撒谎行为，引导孩子及时改正撒谎这个错误，这才是最重要的。

乔乔四岁多了，正在上幼儿园中班。有一天早晨，乔乔突发奇想要去公园里捡树叶，然后再去上幼儿园。妈妈对乔乔的想法表示否定，妈妈说："现在已经八点钟了，八点半幼儿园就会关门，我们走到幼儿园还需要15分钟呢，根本没有时间去公园。等放学的时候，妈妈再带你去公园捡树叶，好不好？"乔乔不知道犯了什么倔，坚持不同意妈妈的建议，非要在去幼儿园之前就去捡树叶。一路上，乔乔都在和妈妈嘀咕着捡树叶，妈妈却拉着乔乔的手，拖着乔乔往学校走去。

而到了通往公园和学校的三岔路口时，乔乔想去公园，妈妈坚持要去幼儿园，乔乔很不乐意，妈妈索性抱起乔乔朝着幼儿园走去。乔乔在妈妈身上挣扎，妈妈狠狠地批评乔乔。到了学校之后，乔乔坐在教室里闷闷不乐，老师不知道这是怎么回事儿，就问乔乔怎么了。乔乔对老师说："今天，妈妈打我了。"听了乔乔的话，老师很惊讶。老师知道乔乔妈妈最疼爱乔乔了，此前从来没有打过乔乔。放学的时候，老师问妈妈："乔乔妈妈，你今天为何打乔乔呢？"妈妈丈二和尚摸不着头脑，说："我从来也没有打过孩子呀！"这个时候，老师看了看乔乔，乔乔赶紧把头低下，老师意识到乔乔是在撒谎，因而和妈妈私下沟通。妈妈说："肯定是早晨我不允许他捡树叶，他生气了，所以才这么说我的吧！"

因为愿望没有被满足，所以乔乔对妈妈很不满，因而就在不知不觉间撒谎说妈妈打他了。但是乔乔并不是出于恶意，他只是在发泄不满的情绪。所以说，孩子撒谎的原因是多种多样的，要想帮助孩子克服说谎，就要能够区分孩子的谎言，根据孩子撒谎的不同性质，根据孩子说谎的不同初衷，父母要有的放矢地选择适宜的方式来帮助孩子戒掉说谎的坏习惯。

如果孩子是因为无法区分想象与现实，导致把想象与现实混淆了，那么父母不应该阻止孩子发挥想象力。想象是孩子心灵的翅膀，会给孩子一个非常美好的世界，父母要做的就是帮

第六章 是谁出卖了孩子的"谎言":不可不知的说谎表情

助孩子区分想象与现实,告诉孩子哪些是现实世界中的,哪些是想象出来的。这样就能够避免孩子把想象转化成现实。如果因为孩子会混淆想象与现实,父母就扼杀孩子的想象力,那么将会得不偿失。父母教育孩子是一个非常复杂的工作,不是简单的一加一等于二。根据教育中出现的各种问题,父母应该调整教育的方法,这样才能够给孩子更好的引导和帮助。

对于那些已经能够明辨是非的孩子,如果他们还是经常撒谎,那么父母就要引起重视。要知道,孩子一旦撒谎成性,再想戒掉这个坏习惯就会很难。有些孩子撒谎是出于无奈,有些孩子撒谎却是出于恶意,所以父母要区分孩子撒谎的初衷,这样才能够根据孩子的年龄段来采取合适的手段,帮助孩子戒掉谎言。

正如前文所说的,有一些孩子是因为心里的压力太大才会撒谎。记得在一部电视剧之中,妈妈希望孩子考取非常好的成绩。孩子在考试成绩出来之后,发现自己没有达到妈妈的预期,他非常害怕,生怕自己会被妈妈批评,也生怕妈妈会因此而取消全家出游的活动。为此,他选择篡改老师的成绩单,先和爸爸妈妈一起出去游玩。当发现孩子因为这样的原因而撒谎的时候,妈妈先不要忙于指责孩子,而是要先从自己身上寻找原因。如果不是迫于无奈,没有人愿意撒谎,毕竟撒一个谎就

149

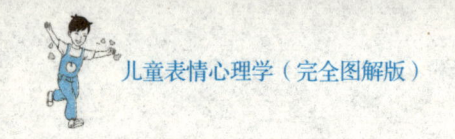

要再撒更多的谎来圆满这个谎言。对于孩子而言，撒谎也是一个很沉重的负担。作为父母要对孩子有合理的期望，而不要对孩子寄予过高的期望，使孩子承受巨大的心理压力。父母一定要宽容地对待孩子，要无条件地爱孩子，要让孩子相信，不管什么时候，父母都是他们的坚强后盾，这样才能减轻孩子的心理压力，消除孩子的心理障碍。当孩子相信父母，当父母既是孩子的监护者和照顾者，也是孩子的好朋友，能够理解和包容孩子的时候，孩子还怎么会选择撒谎呢？

戒掉谎言尽管并不是一件容易做到的事情，尤其是对于经常撒谎的孩子来说，但是戒掉谎言还是可以做到的。作为父母，不要只是把撒谎的责任归结于孩子身上，而且要积极主动地进行自我反省，要在自己身上寻找孩子撒谎的原因，这样才能够给予孩子更多的帮助，这样才能让孩子主动积极地改变自己，把做得不好的地方做得更好，也让孩子愿意敞开心扉面对父母。

如何看待孩子的说谎

很多父母都会因为孩子说谎而感到特别头疼，在识破孩子谎言的同时，父母虽然在与孩子斗智斗勇的过程中获得胜利，

第六章 是谁出卖了孩子的"谎言"：不可不知的说谎表情

但是伴随而来的往往是强烈的愤怒和失望，有些父母甚至会因此而质疑自己的教育方式是否有很大的问题，否则为什么会导致孩子的品德出现问题呢？那么对于父母而言，说谎真的这么可怕吗？孩子说谎真的就这么不可接受吗？

很多父母之所以不能接受孩子说谎，是因为他们把孩子想得太过完美了。他们希望孩子在每一个方面都有出类拔萃的表现，也希望孩子在所有的方面都表现得非常好，让人无可挑剔。实际上，这是父母一厢情愿的想法。儿童心理学家早就提出，孩子说谎并不可怕，父母无须因为孩子说谎而过于紧张和焦虑。孩子说谎的本质并非他们的道德出现了问题，而是成长中进入了这个阶段，所以才会出现说谎的必然现象。儿童心理学家对于儿童的很多问题的解读是非常权威的，那么父母应该多多了解儿童心理学家的权威说法，就不会再对此表示质疑了。

孩子因为各种各样的原因而说谎，每一种谎言背后都有其特定的意义。有的孩子因为攀比而说谎，例如孩子们在一起比较谁的爸爸当官更大，谁的爸爸挣钱更多。有些孩子因为自己的爸爸比不上别人的爸爸，就会选择以说谎的方式夸大爸爸的工作，说爸爸能挣很多很多的钱，这其实只是孩子单纯的攀比心理在发生作用。

不要把孩子生存的环境想象得太过简单，实际上，孩子们在一起的时候也会进行交流。有些孩子因为虚荣心比较强，当自己在很多方面都比不上其他孩子的时候，他们就会情不自禁地说谎。还有一些孩子之所以说谎，也有可能是因为偷懒，例如学校里有很多孩子不愿意完成作业，但是他们每天都会找各种各样的理由。有一个孩子把自己的作业偷着撕碎了，扔在垃圾桶里，还说自己的作业被人偷窃了。实际上，他只是想逃避，不想因为没写作业而被老师批评。后来监控录像显示了他监守自盗的行为，但是老师却并没有戳穿他的谎言，而是给了他机会改正错误，不得不说老师是充满智慧的。

一般情况下，孩子说谎分为三种类型。第一种是逃避型说谎。孩子为了逃避自己要承担的责任，保护自己不受到惩罚，所以采取说谎的方式掩饰自己的错误。第二种是想象性说谎。这种说谎是因为孩子分不清想象与现实，他们想要与他人攀比，所以会有意或者无意地捏造事实。当他们因为说谎而得到他人的关注，甚至得到他人的羡慕时，他们就变得非常骄傲，渐渐地受到这种感觉的迷惑，他们越来越喜欢说谎，越来越迷恋说谎的感觉。父母要让孩子有踏实的心态，不要让孩子盲目地攀比。

第三种是虚荣型说谎。现代社会物欲横流，人与人之间往

第六章 是谁出卖了孩子的"谎言":不可不知的说谎表情

往会进行攀比,虽然孩子生活的环境还相对简单,但是孩子之间也会进行攀比。有一些孩子看到别人有某个玩具的时候,会说自己也有这种玩具;有一些孩子看到别人在吃美味的零食,会说自己家里也有这样的零食。他们的目的并不是出于恶意的,实际上,是因为他们很渴望得到相同的玩具或者美味的零食,所以才会这么说。这同时也表现出他们因为没有和别人同样好玩的玩具而感到失落的心情。

不管孩子因为哪一种原因说谎,也不管孩子的谎言属于哪一种类型,父母都不要为此感到过分紧张。尤其是在孩子还小的时候,他们说谎的动机是非常单纯的,父母只有包容孩子的谎言,也理解孩子撒谎的原因,才能够帮助孩子戒掉撒谎的坏习惯。

第七章

孩子之意不在酒，在乎言语也

　　如果说语言是思想的外衣，那么声音就是思想的灵魂。即使是同样的一句话，以不同的语气说出来，那么就会产生不同的表达效果。孩子说话的声音有很多的因素，如语速的快慢、声调的高低等，都会影响孩子表达的效果，也是孩子能够被人看见的表情。所以在研究孩子的表情时，也不能忽略孩子的语言。明智的父母要想捕捉孩子的表情，洞察孩子的内心，就不会放过孩子的语言和声音，这样才能全方面地了解孩子。

你是坏爸爸！	爸爸很难过。
如果你被爸爸说是坏孩子，你会怎么想？	你是好爸爸。

说狠话，诅咒敏感期到来

从幼儿园放学之后，丁丁没有回家，而是和几个同学一起在幼儿园的院子里玩。他们一起挤在滑梯的入口处排队滑滑梯，几个妈妈站在距离滑梯不远的地方一起聊天，说着孩子的日常。正在这个时候，妈妈突然听见丁丁歇斯底里喊着："我要打死你！我要打死你！"妈妈赶紧朝着滑梯跑过去，看到丁丁跟另外一个小朋友正扭打在一起，妈妈赶紧把他们分开了。定睛一看，原来丁丁是与他平日里最好的小朋友小雨打在了一起。看到丁丁和小雨都满脸泪痕，妈妈很纳闷地问："你们怎么了？玩得好好的！"这个时候，小雨的妈妈也来到了这里，看到两个孩子在打架，小雨的妈妈也询问原因。

丁丁哭着对妈妈说："我要打死小雨，他是个坏蛋！"听到丁丁的话，妈妈感到很不好意思，对小雨的妈妈说："孩子乱说话，你不要介意啊，我让他道歉。"然后，妈妈又对丁丁说："丁丁，你赶快闭嘴！你怎么能这么说话呢？小雨可是你的好朋友。"丁丁说："小雨不是我的好朋友，我最恨小雨啦！"这个时候，小雨把原因告诉了妈妈。原来，丁丁和小雨都想抢着滑滑梯，结果他们抢着抢着就闹起了矛盾，谁也不让着谁，就打了起来。

看到孩子们玩得不那么愉快，妈妈在让丁丁和小雨道歉之后，就带着丁丁回家了。回到家里，妈妈越想越感到担心：为何丁丁会说出这样的话呢？他可是从来都不会这么说话的！后来，妈妈把事情的经过讲给爸爸听，还把自己的担忧也告诉了爸爸。爸爸对妈妈说："其实，孩子已经到了诅咒敏感期，所以才会说这些狠话。他只是想感受语言的力量。"听到爸爸解释得头头是道，妈妈感到非常惊讶："你怎么知道的？"爸爸说："最近，我同事正在看一本关于儿童敏感期的书，就推荐我也看了。在办公室里，中午的时候他们都午睡，我就看看，我觉得还挺好的。因为正好丁丁也正处于各种敏感期，书中的理论能够很合理地解释丁丁的行为。"妈妈对这本书很感兴趣，赶紧向爸爸要了书名，也买了一本。看了这本关于儿童敏感期的书之后，妈妈恍然大悟：原来，孩子进入诅咒敏感期之后，就会故意说一些狠话，这并不意味着父母对孩子的教育完全失败，也不意味着孩子品行恶劣，而是因为孩子想体验语言的力量。妈妈终于释然了。

诅咒敏感期是指孩子在学习语言时会接触到一些诅咒性的

第七章 孩子之意不在酒，在乎言语也

话，或者是一些脏话、狠话。他们并不知道这些话到底是什么意思，但是他们却知道这些话会产生怎样的效果。有的时候，他们是从别人口中听到这句话的，那么结合别人当时的表情和具体的情景，他们就会大概知道这些话是不被欢迎的。渐渐地，他们对这些话产生了好奇，在有机会的情况下，他们就会说出这些话。如果父母非常强烈地禁止孩子说这些话，那么只会让孩子对这些话更感兴趣，而更频繁地说起。所以在孩子诅咒敏感期内，父母不要对这件事情反应过激。例如孩子偶尔说出一些诅咒的话，那么父母可以假装没有听见，或者采取注意力转移法对待孩子，使孩子渐渐地遗忘这些狠毒的话。

有些父母不能控制自己，总是叮嘱孩子不能说这些话，或者对孩子说出的这些诅咒的话反应过激，那么孩子就会非常兴奋。他们的兴奋丝毫不亚于哥伦布发现新大陆，他们仿佛发现了语言的力量，他们甚至会把这种力量囊括为自己的力量，因而他们一次次地重复说这些狠话、诅咒的话，甚至把这些话变成自己的口头禅，这显然是父母不愿意看到的。

通常情况下，孩子之所以说那些狠话，都是因为诅咒敏感期到来。也有的孩子是因为情绪比较压抑，内心充满了愤怒，所以会使用诅咒性的语言来表情达意。父母要知道，孩子之所以突然说狠话，说脏话，一定是有原因的。父母不要一味地责

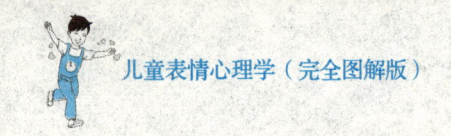

怪孩子，而是要以科学的态度来正确对待这种现象，这样才能够帮助孩子获得更好的成长。

首先，父母可以对诅咒敏感期的孩子说脏话狠话的行为，采取冷处理的方式，这样孩子就无法体验到这些话的力量，也就不会再热衷于说这些话。而采取冷处理的方法对待孩子，使孩子的力量就像打在棉花上一样毫无力道，孩子当然不会再继续白费力气。如果父母听到孩子的诅咒性话语之后，也说出一些非常过激的话，那么就会给孩子树立错误的榜样。

其次，除了采取冷处理的方法之外，父母还可以采取积极的语言来给孩子以正面的熏陶。例如，平日里在和孩子交流的时候，父母要说那些悦耳动听的话，这样潜移默化地就会影响孩子，让孩子也学会说好听的话。此外，当孩子能够更好地表达时，父母也可以给孩子以及时的表扬，这样能够对孩子起到正面强化的作用。孩子很喜欢得到父母的表扬，而不想被父母批评，那么肯定孩子的正面表现，就能够于无形之中淡化孩子对负面的印象。

再次，在家庭生活中，父母的一言一行、一举一动都会给孩子以深刻的影响，也会在潜移默化中改变孩子的行为。孩子之所以会学会那些诅咒性的话语，就是因为在语言环境中听到有人这么说，而孩子的模仿能力又是最强的，所以父母要为孩子营造良好的语言环境。在家庭生活中，父母不要当着孩子的面说脏话、狠话；在社会生活中，父母要尽量让孩子和那些文明礼貌的人相处。尤其是现在电脑、电视、网络等都已经普及，孩子也会通过电视节目、网络游戏接触到一些不好的话。在这种情况下，他们不知不觉间就会学会说脏话，所以父母也应该把控孩子观看电视或者网络的内容，这样才能够给孩子营造更好的语言环境。

最后，父母还要保持良好的心态。面对孩子诅咒性的语言，最好采取正向回应的方式来回应孩子，例如孩子说爸爸是"坏爸爸"，爸爸就可以说自己是好爸爸，而且和孩子一样好。爸爸这么做，不但纠正了孩子错误的说法，而且也表扬了孩子是非常好的，就能够转移孩子的注意力，让孩子因为得到表扬而沾沾自喜，甚至把诅咒性的语言都完全抛之脑后了呢！

孩子一切行为的背后都是有心理原因的，父母切勿简单地就对孩子做出判断，也不要因为孩子表现不好就否定孩子。孩子在不同的成长阶段会处于不同的身心发展状态，在相应的状态之下，他们会做出一些异常的行为，这就要求父母要更理解和尊重孩子，也要知道孩子的身心发展特点，才能够更有效地引导和帮助孩子。

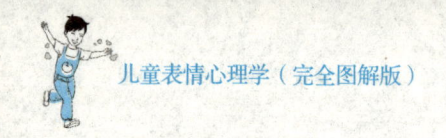

孩子为何喜欢顶嘴

闹闹才三岁多,就越来越不听话了。这不,他才上了幼儿园一个多月,就变得越来越有主意。早晨起床的时候,天气有点冷,妈妈想让闹闹穿上长袖衣物,闹闹却坚持要穿短袖和短裤。妈妈对闹闹说:"这样会着凉,着凉了之后就有可能感冒,如果感冒发烧了,就需要输液。"闹闹对此不以为然地说:"我不怕输液,我不怕疼,我就要穿短袖短裤!"看着闹闹的样子,妈妈非常生气,拿出短袖短裤扔给闹闹说:"那你就穿吧,如果感冒输液了,你可不许哭!"

晚上回到家里,妈妈做了面条,但是闹闹却吵着要吃米饭。妈妈说:"我们今天晚上吃面条,明天晚上吃米饭,好不好?"闹闹歇斯底里地咆哮着:"我不,我就要吃米饭!你为什么不让我吃米饭!我从小就喜欢吃米饭,我不喜欢吃面条,面条一点味道都没有。我最喜欢吃腊肉米饭!"听到闹闹的话,妈妈感到很无奈,只好大晚上给闹闹蒸了米饭。

还有一天早晨,妈妈想带着闹闹去早点摊吃南瓜粥,因而要走平日里不经常走的那条路才能够更快地到达早点摊。但是走到半路上的时候,闹闹突然哭闹不止,坚持要让妈妈走之前的路。妈妈好言好语地劝说闹闹,闹闹却说妈妈是坏妈妈,

第七章 孩子之意不在酒，在乎言语也

妈妈只好带着闹闹又走了回去，绕了很远的路才到了早点摊。闹闹慢慢吞吞地吃完早饭之后，幼儿园都已经关门了，妈妈只好打电话让老师下来接闹闹。老师笑着问妈妈："今天怎么来晚了呀？"妈妈说："这最近这个孩子也不知道怎么了，我让他往东，他偏要往西，一点儿都不听话。今天早上走得好好的路，非要让我回头重走，真是没有办法呀！"听了妈妈的话，老师说："孩子到了三岁多，就是非常叛逆，他们正处于宝宝叛逆期呢！这是因为他们的独立意识觉醒了，他们想要证明自己，所以父母就要更有耐心啊！"

听了老师的话，妈妈受到了启发，回到家里之后，妈妈就在网上查了关于宝宝叛逆期的资料，这才知道孩子在两三岁之间正处于宝宝叛逆期，他们的独立意识渐渐觉醒，所以越来越想证明自己的存在，而不愿意听从别人的话。妈妈恍然大悟，难怪闹闹变得越来越不听话了呢！

在两三岁的宝宝叛逆期，孩子叛逆的一个明显表现就是很喜欢顶嘴，他们不管父母说什么，都不愿意像之前那样顺从父母，而是非要说出自己的观点。面对顶嘴的孩子，有一些父母感到非常生气，觉得孩子小小年纪就故意与自己作对，觉得很难接受。实际上，顶嘴是孩子在成长过程中的正常表现，这说明

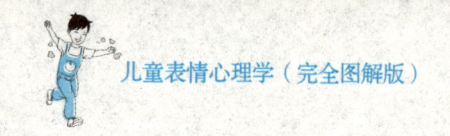

孩子渐渐地长大了，他们开始意识到自己是独立的生命个体。

作为父母，要理解孩子自我意识萌芽这个阶段独特的心理发展特点。随着不断成长，孩子不会再像小时候那样对父母言听计从。当然，父母之所以辛苦地抚养和教育孩子，也是希望孩子能够更有主见，更是希望孩子能够自主地做出一些选择，而不希望孩子总是处处被父母掌控，所以父母看到孩子顶嘴，意识到孩子的成长，也是值得欣慰的。

宝宝叛逆期，为了减少与孩子之间的冲突和矛盾，父母应该有意识地调整自己与孩子相处的方式。例如原本父母对孩子事无巨细地管束，那么现在就可以给孩子更多的自由。再如，如果孩子已经能够自主地决定很多事情，那么父母就要学会放手，让孩子自主地决定一些事情，例如早上穿什么衣服、晚上看什么书。这些事情都并不是那么重要的，父母可以把决定这些事情的权利交给孩子。在独立自主做这些事情的过程中，孩子的自主性会越来越强。

如果父母一味地强求和压迫孩子，反而会激发孩子更强的逆反心理，让孩子更是处处与父母作对。当然，在跟孩子进行语言沟通的时候，父母也要掌握沟通的艺术，尤其是面对顶嘴的孩子，与其和孩子较真，还不如选择更好的方式来说服孩子，这才是根本的目的所在。

孩子渐渐长大，在经历了宝宝叛逆期之后，他们把自己与外部的世界分离开来，他们认识到自己是一个独立的生命个体，他们强烈地渴望父母能够把他们当成成人看待，给他们相应的权利。如果父母不能够满足孩子的心理需求，那么孩子就会产生叛逆心理，也会非常反感父母。在日常的沟通中，他们更是会与父母顶嘴，不愿意认可父母的意见或者观点。

那么，孩子顶嘴到底好不好呢？曾经有一名心理学家做过一个实验，他把100名顶嘴的孩子和100名从不顶嘴的孩子放在一起进行比较，发现在顶嘴的孩子中，大部分孩子都有独立的主见，他们都能够坚决果断地做出决策。而在不顶嘴的孩子之中，只有极少数孩子意志坚强，能够为自己做主，其他人则都唯唯诺诺，遇到事情的时候不能够及时果断地做出决定，遇到责任的时候也不能够主动承担。由此可见，顶嘴对于孩子的成长来说并不是一件坏事，那么父母要调整好心态，接受孩子出现顶嘴的这种行为。如果父母不想压制孩子，那么当听到孩子有不同意见的时候，父母反而会感到很欣慰，也很愿意与孩子针对这些事情进行沟通。

具体来说，父母要做到以下几点。

首先，父母要控制好自己的情绪，要改变自己作为家长高高在上的权威姿态。父母要知道，随着孩子不断长大，父母与

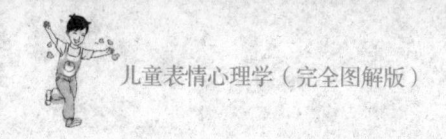

孩子之间应该是平等和相互尊重的关系，父母也要给孩子机会来表达自己的思想和意见。毕竟在家庭生活中，孩子也是小小的主人翁，父母不能搞一言堂，更不能打压孩子。

其次，父母要想避免孩子顶嘴，就要给孩子机会发表自己的想法和意见。如果孩子从来没有机会来说出自己的心声，那么他们只能在和父母沟通的时候，以顶嘴的方式表达自己。反之，父母如果能够给孩子正当的渠道来表达心声，那么，孩子还有什么必要和父母顶嘴呢？

最后，每个人都有自己的思想和主见，孩子也是如此。孩子虽然因为父母才来到这个世界上，必须接受父母的照顾才能生存，但这并不意味着他们是父母的附属品和私有物。孩子随着不断成长，越来越渴望自己能够长大，希望自己能够独立做主做决定，也希望自己的愿望能够被满足。那么，父母要尊重孩子的意愿，也要平等地对待孩子。尤其是在孩子想要自己去尝试的时候，父母应该对孩子放手。如果孩子遇到困难不能仅凭自己的力量去战胜困难，那么父母可以给孩子提供协助，或者多多鼓励和支持孩子，让孩子继续努力。即使孩子犯了错误也没有关系，因为孩子正是在犯错的过程中长大的。没有任何人能够不犯任何错误就成长起来，父母认识到这一点之后，就会给孩子机会去改正错误。当孩子得到父母的尊重，他们就更愿意向父母敞开心扉，当与父母意见不合的时候，他们也就能够以更积极的方式和父母进行沟通，当然无须再顶撞父母。

孩子为何喜欢插话

优优正在上幼儿园大班，他有一个非常明显的特点，那就是特别喜欢插话。有的时候老师正在上课呢，他就会突然插一句话。和小朋友在一起玩儿的时候，别的小朋友正在说某件事情呢，他也突然插话，无厘头地就来上一句，让人感到莫名其妙。在家里，如果妈妈正在和爸爸说话，或者是家里来了客人，爸爸妈妈正在和客人说话，优优也会平白无故地插话，这让爸爸妈妈感到非常尴尬。

因为插话的孩子是没有礼貌的，所以爸爸妈妈不止一次地训斥优优，但是优优只能记住很短的时间。在被爸爸妈妈批评的时候，他表示自己一定会积极改正，但是等到事情过去之后，他又马上再犯同样的错误。对于优优的表现，爸爸妈妈也感到很无奈，尤其是当得知优优在学校里也经常打断老师说话的时候，爸爸妈妈更是表示非常抱歉。但是对于如何帮助优优

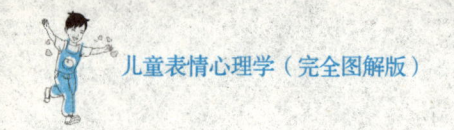

改掉插话的坏习惯，爸爸妈妈根本无计可施，毕竟他们不可能一直跟在优优的身边，提醒优优不许插话。而优优呢，又很喜欢插话，这可怎么办呢？

很多父母都不喜欢孩子插话，觉得孩子插话，是不讲礼貌的表现。实际上对于孩子而言，插话是一件非常正常的事情。有人觉得爱插话的孩子都非常的自私，也有人觉得爱插话的孩子以自我为中心，从来不顾及他人的感受，还有人觉得爱插话的孩子没有礼貌，缺少家教，这些都是对于爱插话的孩子的误解。事实上，三到六岁的孩子原本就会以自我为中心，对于他们而言，这并不是自私，也不是因为得到了父母过多的宠爱，而是在心理发展过程中正常的心理现象。

人们之所以讨厌插话的孩子，是因为觉得孩子是在故意插话。实际上，孩子之所以做出插话的行为，完全是无意识的。所谓的自私、以自我为中心等，都是有意识的行为，所以插话与这两者都丝毫沾不上边。父母只有正确认知孩子插话的行为，才能够给予孩子更好的帮助。

那么，孩子为什么喜欢插话呢？这是因为孩子的自我意识萌芽了，他们想要表现自己。尤其是在人多的场合里，孩子很怕自己被忽视，再加上孩子在小的时候缺乏自控力，总不能等到别人把话说完,又因为过于着急,他们就会迫不及待地发表自己的看法,这就出现了插话的行为。如果父母对于孩子插话的行为有正确的认知,也能够理解孩子的初心,那么他们就会对孩子更加包容。当然,如果父母能够给孩子机会去表达他们的心思,那么相信孩子会渐渐地改掉插话的习惯。

当然,除了自我意识觉醒和急于表达外,孩子插话还有一些其他的原因。例如,很多父母在沟通的时候往往会忽略了孩子的存在,尤其是在家里有客人的时候,他们和客人谈笑风生,并没有意识到孩子在旁边非常无聊。作为孩子,当觉得自己被排除在外,并没有得到别人的关注,也没有机会表达的时候,就会为了打破这种无聊,说一些自己想说的话。他们也很愿意与人沟通,他们也很想要与人搭讪,插话就是他们渴望沟通的一个很明显的表达。要想避免这种情况的出现,首先,当家里来客人的时候,父母可以给孩子安排一些有趣的活动,例如让孩子画画或者让孩子读书,还可以让孩子玩玩具,甚至可以让孩子看一部动画大电影,这都能让孩子长时间地保持专注,保持安静,从而避免孩子因为无聊而插话。

其次,大多数孩子之所以插话,是因为他们渴望得到关注。儿童心理学家皮亚杰认为,很多学龄前儿童都会出现以自我为中心的言行,他们不能够理解为什么身边的人不关注他们，因而就采取各种各样的方式吸引大家的注意。有些孩子为了吸引父母的注意，会反复打断父母的谈话，这让父母感到非常厌烦，但是父母却从未想到孩子为什么这么做。还有一些孩子会在家里来客人的时候，反复地打断父母与客人的交谈，这样一来就让父母觉得有些尴尬了，毕竟这会让客人觉得孩子没有教养。为了避免这种情况的出现，父母要关注孩子，也要把孩子郑重其事地介绍给客人。在和客人沟通的时候，父母也要给孩子一些关注，让孩子找到存在感。例如，父母可以时常向孩子微笑，也可以找机会让孩子向客人展示才艺，还可以让孩子把自己的成果拿出来展示给客人看。这些机会都能够让孩子获得关注，让孩子的心理得到满足。当孩子意识到父母始终在关注他的时候，他就不会再随随便便地通过插话的方式来吸引父母和客人的关注了。

再次，有些孩子并不是为了捣乱才会插话，他们其实是想在爸爸妈妈或者是其他的人面前好好表现。他们非常卖力地做出一些举动，但是却被成人误以为是在故意捣乱，这实在是对孩子大大的误解。

最后，还有一些孩子年纪比较小，并没有掌握很多的知识，所以在听别人说话的时候，他们会感到非常好奇。有时，当他人谈话的内容中有他们不知道不了解的知识，就更是会激

第七章 孩子之意不在酒，在乎言语也

发起他们的好奇心和求知欲。所以如果父母的谈话与孩子有关，那么可以尝试着让孩子也参与谈话，给孩子一些机会表达见解，或者是解答孩子的疑问，这都是满足孩子求知欲的良好方式。或者是家里来客人的时候，父母在和客人谈论一些重要的话题之后，也可以谈论一些和孩子有关的话题，给孩子一些机会来满足好奇心，这也是非常好的方式。

不管怎么说，插话都不是一个好习惯，父母要引导孩子学会与他人沟通。不管孩子是为了求知还是为了表现，或者是为了求得关注，或者是为了打发无聊的时光而插话，都会给人留下不好的印象。父母要一分为二地看待插话这个行为，既要看到插话不好的方面，也要看到插话的孩子活泼开朗，并不惧怕陌生人，而且有很强的表现力，这就是一些优势。在适当的场合里，父母可以给予孩子更多的机会展示，除了给孩子机会表达之外，还可以给孩子机会为大家服务。例如，很多孩子喜欢在父母与人聚餐的时候当小小的服务生，一会儿给父母拿一些衣服，一会儿给大家拿一些水果，一会儿给大家拿一些餐巾纸，一会儿给大家拿个小碟子，让孩子始终保持忙碌的状态，他们会觉得自己是重要人物，他们的内心就会得到满足。

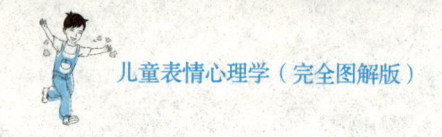

孩子喜欢告状

硕硕和贝贝是好朋友，他们每个周末都会在一起玩。他们之间的感情很好，从小是一起玩着长大的。这个星期轮到硕硕去贝贝家里玩儿。硕硕早早地就来到贝贝家里，看到贝贝正在玩儿一个双层轨道车。硕硕非常羡慕地对贝贝说："贝贝，可以让我也玩儿一下嘛！这简直太酷炫了！"贝贝说："不行，不行！这是爸爸刚刚送给我的玩具，我还没有玩儿够呢。"硕硕看着贝贝玩着超酷炫的双层轨道车，请求了贝贝好几次，但是贝贝都拒绝了。看到贝贝拒绝得义不容情，硕硕感到非常沮丧，他走到客厅里对贝贝的妈妈说："阿姨，贝贝不让我玩儿他的双层轨道车，他都已经玩儿了很长时间了。我求了他好几次，他都不允许我玩。"贝贝妈妈赶紧对贝贝说："贝贝，小朋友有东西要一起分享，硕硕可是你最好的朋友呀，难道你不愿意和硕硕分享吗？你和硕硕一起玩双层轨道车，会得到双倍的快乐！"但是贝贝实在太喜欢这个双层轨道车了，这是他央求了爸爸好久，爸爸才同意给他买的。所以即使妈妈劝说，贝贝也不同意给硕硕玩儿。硕硕伤心地回家了。

回到家里，看到硕硕郁闷寡欢的样子，妈妈问硕硕怎么了。硕硕对妈妈说："妈妈，贝贝太坏了！他有一个新的双层

第七章 孩子之意不在酒，在乎言语也

轨道车，玩儿很长时间都不愿意给我玩儿。我苦苦哀求了他好几次呢！"听到硕硕这么说，妈妈对硕硕说："硕硕，那是贝贝的玩具车，你要玩必须经过贝贝的同意。也可能贝贝刚刚得到这个玩具车，自己还没玩够呢，你要理解贝贝呀！"妈妈话音刚落，硕硕生气地说："上次爸爸给我买了一个新的悠悠球，我不是和他轮流玩了吗？他为什么不能和我轮流玩儿他的新玩具呢？"妈妈语重心长地对硕硕说："硕硕，每个人对玩具的喜爱都是不同的。总之你要记住一点，那是贝贝的玩具车，贝贝可以给你玩儿，也可以不给你玩，那是他的自由。你不能够强求别人，明白吗？"硕硕对妈妈说的似懂非懂，不再吭声了。

有一天，妈妈去接硕硕放学，看到硕硕的眼睛红红的，低着头走出了校园。妈妈很纳闷，赶紧问："硕硕，硕硕，你怎么了？在学校里和同学们闹矛盾了吗？"硕硕对妈妈说："妈妈，今天上自习课的时候有一个同学讲话，我把这件事情告诉了老师。下课的时候，那个同学就狠狠地推了我一下，把我推倒了。"听到硕硕说出的话，妈妈沉默了片刻才说："硕硕，小朋友们上自习课的时候讲话，如果没有影响到你，你不要和老师告状。老师如果来教室里巡查纪律是会看到的。你这样告状，会让小朋友对你有意见，明白吗？毕竟班级里还有班干部，你只是一个普通的同学，只要管好自己就可以了。"

硕硕说:"但是他讲话就是违反纪律,就是错的。"妈妈点点头说:"他的确做错了,不过你并没有职责去管他,班干部和老师都会管他的。如果你总是告同学的状,那么同学们渐渐地都不喜欢跟你玩了。"果然被妈妈说中了,才开学没有多长时间,班级里的同学全都不愿意跟硕硕玩,因为他们觉得硕硕总是喜欢往办公室里跑,找老师告状。

在集体生活中,孩子如果特别喜欢告状,总是把同学们的一点点风吹草动都告诉老师,那么同学们往往会非常讨厌这个同学。这是因为这个同学就像群体里的一个奸细,总是把群体里的任何事情都告诉老师,使同学们觉得没有安全感。对于孩子喜欢告状的这个特点,父母们明知道不好,但是也不知道应该如何纠正孩子。那么,孩子为什么喜欢告状呢?如果能找到其中的原因,就能够给予孩子更好的帮助。

孩子之所以喜欢告状,是他们的心理发育和人际关系发展所带来的结果。孩子喜欢告状的这种行为说明孩子还不能够独立地处理一些问题,他们必须求助于成人的帮助,才能够更好地解决问题。此外,也说明孩子的道德认知还处于低级发展阶段,他们对于道德观念并没有正确的判断,对于正确与错误的理解也还比较肤浅,他们会根据利害关系直接做出行为,而并

第七章 孩子之意不在酒，在乎言语也

不能够深刻理解道德的含义。尤其是在孩子的群体中，孩子很容易受到他人的影响，所以会有很盲目地从众行为。在这种情况下，会出现一个孩子不喜欢某个孩子，其他孩子也不喜欢某个孩子的现象。

也有一些孩子如果没有得到满足，心中愤愤不平，就会采取告状的方式来捍卫自己的权利，捍卫自己所谓的真理。例如，上述事例中，硕硕之所以向贝贝妈妈告状，就是他认为贝贝理所应当把玩具分享给他玩，所以他觉得贝贝不愿意分享的行为是错误的。如果硕硕能够认识到这个玩具汽车是贝贝的，贝贝有权利给他玩，也可以选择不给他玩，那么硕硕就不会向贝贝妈妈告状了。

当然，对于那些完全不具备是非判断能力的孩子，他们也不会去找老师或者是家长打小报告，他们甚至不会关心一件事情是对还是错的。但是五岁的孩子开始关心别人的行为，也会主动地判断别人的行为是否符合道德标准。当他们慷慨大方地把自己的玩具分享给别人玩之后，得到了父母的表扬，得到了他人的感谢，他们就会认为这种行为是正确的。在这种情况下，如果其他孩子并没有把玩具分享给他们，那么他们为了捍卫"真理"，就会选择向父母或者是其他孩子的父母告状。当孩子经常喜欢打小报告的时候，父母就要对此引起关注，也要

175

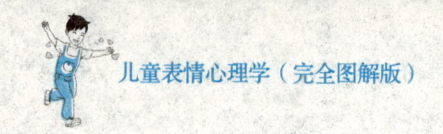

采取一定的措施来引导孩子。

比如，面对孩子的愤愤不平，父母要选择安抚孩子的情绪，面对孩子打小报告的行为，父母要了解孩子为何打小报告。为了让孩子对他人更加的宽容，也理解和体谅他人的难处，父母还要教会孩子换位思考，这样才能够让孩子学会以正确的方式解决问题。有的时候，对于孩子打小报告这件事情，父母还要采取忽视的态度。孩子之所以打小报告，就是希望父母或者老师能够主持正义。在这种情况下，父母可以弱化孩子对这种事情的感受，让孩子知道小朋友之间的冲突可以自行化解和解决，没有必要凡事都寻求父母的帮助。当孩子看到父母对于打小报告的行为反应冷淡的时候，他们渐渐地就不再热衷于打小报告，也就不会因为喜欢告状而被小朋友们疏远了。

孩子不愿分享

今年四岁的特特活泼可爱，是一个人见人爱的小男孩。但是特特在和小伙伴们相处的时候，却常常会发生矛盾，这是为什么呢？原来特特非常自私，不喜欢分享，因而常常会和小朋友抢夺玩具，也会为了美味的零食和小朋友闹得鸡飞狗跳。看

第七章　孩子之意不在酒，在乎言语也

到特特这么小气，这么吝啬，爸爸妈妈常常感到不好意思，却也不知道如何才能让特特变得大方一些。

　　周末，小姨带着帅帅来家里玩。帅帅比特特小几个月，也四岁多了。刚开始见到帅帅，特特特别开心，因为家里只有他一个孩子，所以他常常觉得孤独寂寞。正是在特特的要求下，妈妈才主动打电话给小姨，邀请小姨带着帅帅来家里和特特一起玩。

　　见到帅帅，特特还算大方，拿出了自己的玩具和帅帅一起玩，还把自己新买的小人书也分享给帅帅看。过了一会儿，帅帅说饿了，妈妈就拿出特特的丹麦曲奇饼干给帅帅，让帅帅和特特一起吃。没想到，正是饼干闯了祸。特特看到妈妈把一大盒子丹麦曲奇饼干都拿出来了，很生气，当即冲着妈妈喊道："这是我的饼干，我的饼干！"说着，特特就拿起美味的饼干吃了起来。

　　帅帅非常眼馋，也想吃饼干。这个时候，妈妈对特特说："特特，你是哥哥，又是主人，是不是应该照顾好帅帅呢。你要和帅帅一起分享饼干哦！"妈妈话音刚落，特特突然把饼干盒抱在怀里，对帅帅说："不行不行，这是我的饼干！你不能吃！"看到特特这样的举动，帅帅看了看特特，不知道应该怎么办。

177

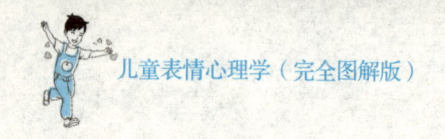

这个时候，帅帅妈妈说："帅帅，你可是小客人呀，如果不得到哥哥主人的同意，你是不能吃这个饼干的。大姨很快就会做好午饭了，咱们等着吃午饭，好不好？"妈妈赶紧对特特说："特特，你可是小主人呀，作为小主人，是不是要招待好小客人呢？你怎么连一点饼干都不舍得给小客人吃呀！你要和帅帅表弟一起分享饼干，即使吃完了也没关系，妈妈还会再给你买的。而且小姨和帅帅还给你带来了很多美味的零食，难道你都不吃吗？"

妈妈好说歹说，特特就是不愿意和帅帅分享他的饼干，帅帅感到非常失望：我还带了礼物送给特特呢，特特却不愿意和我分享饼干。原本，帅帅和特特在一起玩得非常好，这次只能不欢而散。

很多小朋友都和特特一样不喜欢分享，这是为什么呢？如果孩子不喜欢分享，那么在和同龄人相处的时候就会产生一些矛盾，毕竟看到好玩的玩具或者美味的零食，孩子们都是想要玩或者是想享用的。而且，分享能够把快乐变成两份，所以分享是一件非常有意义的事情。具体来说，孩子为什么不喜欢分享呢？

首先，孩子以自我为中心。其实对于三岁之前的孩子来

第七章 孩子之意不在酒，在乎言语也

说，他们是不会真正懂得分享的意义的，这是因为在三岁之前，孩子都以自我为中心，他们把很多东西都据为己有，而不认为别人也同样会拥有一些东西。而即使有的时候其他小朋友和他们分享了一些东西，他们也不愿意分享，这往往会让父母感到尴尬。实际上，这是孩子的身心发展特点决定的，父母可以结合孩子的身心发展特点，在适当的时候引导孩子学会分享。

其次，现代社会，很多家庭里都只有一个孩子，他们成了十八里地里的一棵独苗，不管是对于好吃的零食，还是对于好玩的玩具，他们都会占为己有，而不会与他人分享。渐渐地，他们就习惯了独享一切。尤其是在很多家庭里，长辈和父母都会溺爱孩子，这样会让孩子养成吃独食的坏习惯。

为了改变孩子这样的行为习惯，在家庭生活中，父母要培养孩子乐于分享的好习惯。例如，当家里有好吃的东西时，父母可以要求和孩子一起吃，而不要把好吃的东西都留给孩子独享。当家里有好玩的玩具时，父母也可以和孩子一起玩，而不要只让孩子一个人玩。如果让孩子在家庭生活中习惯与父母或者是长辈分享，那么在生活中孩子也就会乐于和小朋友分享。

再次，很多孩子都不知道分享的意义。他们以为所谓的分享就是要把东西送给别人，这使他们很担心失去自己喜欢的东西。当孩子们认为一旦失去了自己所拥有的东西，就再也不能得到的时候，他们就会很害怕分享。随着孩子不断成长，父母要告诉孩子分享的意义，也让孩子知道分享真正意味着什么，孩子才能够渐渐地接受分享。

最后，虽然分享对于孩子而言是非常重要的，但是父母却不要强求孩子分享。父母要尊重孩子的意见，毕竟分享应该是孩子主观上想要去做的一件事情，才是有意义的。否则，如果只是强求孩子分享，或者因为让孩子分享而惹得孩子很不开心，那么就会给孩子带来心理上的阴影，甚至让孩子更加排斥分享，这显然是得不偿失的。父母要采取合适的手段来引导孩子学会分享，乐于分享。如果孩子真的不想分享，那么父母不要强求孩子，毕竟孩子对于自己的东西是有决定权的，父母要尊重孩子的意愿。

除了上述的这几种原因以外，有一些孩子之所以不愿意分享，也许还会有其他的原因。父母不要从主观的角度出发来判定孩子为何不愿分享，也不要受到经验的局限，而是可以认真地询问孩子为何不喜欢分享，引导孩子说出心里的所思所想。当知道孩子心里的顾虑之后，父母就可以有针对性地打消孩子心中的顾虑，从而使孩子从不愿意分享到乐于分享。

参考文献

[1] 陈璐.微表情心理学全集：人际交往中的心理策略[M].北京：中央编译出版社，2014.

[2] 单婷婷.儿童微行为心理学[M].苏州：古吴轩出版社，2018.

[3] 风影.儿童微表情心理学[M].苏州：古吴轩出版社，2018.